1+X 职业技能鉴定考核指导手册

模具设计师

（注塑模）

编审委员会

主　　任　仇朝东

委　　员　葛恒双　顾卫东　宋志宏　杨武星　孙兴旺
　　　　　刘汉成　张　伟

执行委员　孙兴旺　张鸿樑　李　晔　瞿伟洁

中国劳动社会保障出版社

图书在版编目(CIP)数据

模具设计师（注塑模）三级/上海市职业培训研究发展中心组织编写．—北京：中国劳动社会保障出版社，2010

1+X职业技能鉴定考核指导手册

ISBN 978-7-5045-8480-9

Ⅰ.①模… Ⅱ.①上… Ⅲ.①模具-设计-职业技能鉴定-自学参考资料②注塑-塑料模具-职业技能鉴定-自学参考资料 Ⅳ.①TG762②TQ320.66

中国版本图书馆CIP数据核字(2010)第167401号

中国劳动社会保障出版社出版发行

（北京市惠新东街1号 邮政编码：100029）

出 版 人：张梦欣

*

北京宏伟双华印刷有限公司印刷装订 新华书店经销

787毫米×960毫米 16开本 12.5印张 204千字

2010年9月第1版 2010年9月第1次印刷

定价：22.00元

读者服务部电话：010-64929211/64921644/84643933

发行部电话：010-64961894

出版社网址：http：//www.class.com.cn

前　言

职业资格证书制度的推行，对广大劳动者系统地学习相关职业的知识和技能，提高就业能力、工作能力和职业转换能力有着重要的作用和意义，也为企业合理用工以及劳动者自主择业提供了依据。

随着我国科技进步、产业结构调整以及市场经济的不断发展，特别是加入世界贸易组织以后，各种新兴职业不断涌现，传统职业的知识和技术也愈来愈多地融进当代新知识、新技术、新工艺的内容。为适应新形势的发展，优化劳动力素质，上海市人力资源和社会保障局在提升职业标准、完善技能鉴定方面做了积极的探索和尝试，推出了1+X培训鉴定模式。1+X中的1代表国家职业标准，X是为适应上海市经济发展的需要，对职业标准进行的提升，包括了对职业的部分知识和技能要求进行的扩充和更新。上海市1+X的培训鉴定模式，得到了国家人力资源和社会保障部的肯定。

为配合上海市开展的1+X培训与鉴定考核的需要，使广大职业培训鉴定领域专家以及参加职业培训鉴定的考生对考核内容和具体考核要求有一个全面的了解，人力资源和社会保障部教材办公室、中国就业培训技术指导中心上海分中心、上海市职业培训研究发展中心联合组织有关方面的专家、技术人员共同编写了《1+X职业技能鉴定考核指导手册》。该手册由“理论知识复习题”“操作技能复习题”和“理论知识模拟试卷及操作技能模拟试卷”三大块内容组成，书中介绍了题库的命题依据、试卷结构和题型题量，同时从上海市1+X鉴定题库中抽取部分理论知识题、操作技能试题和模拟样卷供考生参考和练习，便于考生能够有针对性地进行考前复习准备。今后我们会随着国家职业标准以及鉴定题库的提升，逐步对手册内容进行补充和完善。

本系列手册在编写过程中，得到了有关专家和技术人员的大力支持，在此一并表示感谢。

由于时间仓促，缺乏经验，如有不足之处，恳请各使用单位和个人提出宝贵意见和建议。

1+X职业技能鉴定考核指导手册

编审委员会

目　录

CONTENTS　1＋X职业技能鉴定考核指导手册

模具设计师（注塑模）职业简介

一、职业名称

模具设计师（注塑模）。

二、职业定义

从事企业注塑模具的数字化设计，在传统模具设计的基础上，充分应用数字化设计工具，提高模具设计质量，缩短模具设计周期的人员。

三、主要工作内容

从事的工作主要包括：（1）完成注塑制件的工艺性分析；（2）完成注塑模具的整体结构设计以及零部件设计；（3）辅助模具调试人员完成模具的调试及验收工作。

第1部分

模具设计师（注塑模）（三级）鉴定方案

一、鉴定方式

模具设计师（注塑模）（三级）的鉴定方式分为理论知识考试和操作技能考核。理论知识考试采用闭卷计算机机考方式，操作技能考核采用现场实际操作（及笔试）方式。理论知识考试和操作技能考核均实行百分制，成绩皆达60分及以上者为合格。理论知识或操作技能不及格者可按规定分别补考。

二、理论知识考试方案（考试时间90 min）

题库参数 / 题型	考试方式	鉴定题量	分值（分/题）	配分（分）
判断题	闭卷机考	40	0.5	20
单项选择题		120	0.5	60
多项选择题		20	1	20
小计	—	180	—	100

三、操作技能考核方案

考核项目表

<table>
<tr><td colspan="2">职业（工种）名称</td><td colspan="2">模具设计师（注塑模）</td><td rowspan="2">等级</td><td colspan="3" rowspan="2">三级</td></tr>
<tr><td colspan="2">职业代码</td><td colspan="2"></td></tr>
<tr><td>序号</td><td>项目名称</td><td>单元编号</td><td>单元内容</td><td>考核方式</td><td>选考方法</td><td>考核时间（min）</td><td>配分（分）</td></tr>
<tr><td rowspan="2">1</td><td rowspan="2">工艺分析与结构布局设计</td><td>1</td><td>简单注塑件的工艺分析与计算</td><td>笔试</td><td>必考</td><td>60</td><td>10</td></tr>
<tr><td>2</td><td>简单注塑模具的结构布局设计</td><td>操作</td><td>必考</td><td>60</td><td>25</td></tr>
<tr><td rowspan="2">2</td><td rowspan="2">模具零部件设计</td><td>1</td><td>标准零件选用与建模</td><td>操作</td><td rowspan="2">抽一</td><td rowspan="2">60</td><td rowspan="2">25</td></tr>
<tr><td>2</td><td>简单注塑模具非标准零件设计</td><td>操作</td></tr>
<tr><td rowspan="3">3</td><td rowspan="3">模具总体设计</td><td>1</td><td>标准模架选用与装配</td><td>操作</td><td rowspan="3">抽一</td><td rowspan="3">120</td><td rowspan="3">30</td></tr>
<tr><td>2</td><td>创建简单注塑模具的总装配三维模型</td><td>操作</td></tr>
<tr><td>3</td><td>生成简单注塑模具总装配二维图</td><td>操作</td></tr>
<tr><td rowspan="2">4</td><td rowspan="2">模具调试与验收</td><td>1</td><td>简单注塑模具调试</td><td>笔试</td><td rowspan="2">抽一</td><td rowspan="2">60</td><td rowspan="2">10</td></tr>
<tr><td>2</td><td>简单注塑模具验收</td><td>笔试</td></tr>
<tr><td colspan="6">合计</td><td>360</td><td>100</td></tr>
<tr><td>备注</td><td colspan="7">1. 该级别中所注明的简单注塑模具是指：分型面为平面形状的简单注塑模具；
2. 目前鉴定用设计软件提供 UG NX 6.0（含 Mold Wizard 4.0），Pro/E Wildfire 4.0（外挂 EMX 5.0）（考生选一进行考核），以及 AutoCAD 2007</td></tr>
</table>

第 2 部分

鉴定要素细目表

职业（工种）名称					模具设计师（注塑模）	等级	三级
职业代码							
序号	鉴定点代码				鉴定点内容		备注
	章	节	目	点			
	1				职业道德		
	1	1			模具设计师的职业道德		
	1	1	1		社会主义职业道德规范		
1	1	1	1	1	职业道德规范的定义		
2	1	1	1	2	职业道德规范的内容		
	1	1	2		模具设计师的职业道德规范要求		
3	1	1	2	1	模具设计师的职业道德的特点		
4	1	1	2	2	模具设计师的职业道德的要求		
	1	1	3		模具设计师的职业概况		
5	1	1	3	1	模具设计师的职业定义		
6	1	1	3	2	模具设计师的职业功能		
	1	2			模具设计师的职业守则		
	1	2	1		模具设计师的职业守则的内容		
7	1	2	1	1	模具设计师的基本职业守则		
8	1	2	1	2	模具设计师的职业素养		
9	1	2	1	3	模具设计师的业务素养		
	2				基础知识		

续表

职业（工种）名称					模具设计师（注塑模）	等级	三级
职业代码							
序号	鉴定点代码				鉴定点内容	备注	
	章	节	目	点			
	2	1			基础理论知识		
	2	1	1		机械制图知识		
10	2	1	1	1	第一角画法的概念		
11	2	1	1	2	第三角画法的概念		
12	2	1	1	3	零件剖切面的种类		
13	2	1	1	4	零件剖视图的种类		
14	2	1	1	5	尺寸标注注意事项		
15	2	1	1	6	坐标标注法		
16	2	1	1	7	形位公差种类		
17	2	1	1	8	主视图的选择原则		
18	2	1	1	9	表面粗糙度符号的意义		
19	2	1	1	10	公差等级的概念		
20	2	1	1	11	基孔制的概念		
21	2	1	1	12	基轴制的概念		
22	2	1	1	13	常用基孔制配合		
23	2	1	1	14	常用基轴制配合		
	2	1	2		国标、部标、企标知识		
24	2	1	2	1	模具标准化的意义		
25	2	1	2	2	模具标准制定原则		
26	2	1	2	3	模具标准化体系		
27	2	1	2	4	已颁布的模具技术标准		
	2	1	3		机械工程材料知识		
28	2	1	3	1	强度的概念		
29	2	1	3	2	塑性的概念		
30	2	1	3	3	硬度的概念		
31	2	1	3	4	疲劳的概念		

续表

职业（工种）名称					模具设计师（注塑模）	等级	三级
职业代码							
序号	鉴定点代码				鉴定点内容		备注
	章	节	目	点			
32	2	1	3	5	磨损的概念		
33	2	1	3	6	材料化学性能的概念		
34	2	1	3	7	热处理性能的概念		
35	2	1	3	8	合金的概念		
36	2	1	3	9	含碳量与铁碳合金机械性能的关系		
37	2	1	3	10	钢材的分类与牌号		
38	2	1	3	11	合金元素在钢中的作用		
39	2	1	3	12	常用碳素结构钢的牌号		
40	2	1	3	13	常用碳素结构钢的性能		
41	2	1	3	14	常用优质碳素结构钢的牌号		
42	2	1	3	15	常用优质碳素结构钢的性能		
43	2	1	3	16	常用合金结构钢的牌号		
44	2	1	3	17	常用合金结构钢的性能		
45	2	1	3	18	塑料的概念		
46	2	1	3	19	塑料的成分		
47	2	1	3	20	塑料的分类		
48	2	1	3	21	常用热塑性塑料的种类、特点及用途		
49	2	1	3	22	常用热固性塑料的种类、特点及用途		
	2	2			模具设计基础知识		
	2	2	1		塑料受热时的物理状态		
50	2	2	1	1	塑料受热时物理状态的变化		
51	2	2	1	2	玻璃化温度的概念		
52	2	2	1	3	黏流温度、熔点的概念		
53	2	2	1	4	分解温度的概念		
54	2	2	1	5	塑料熔体的流变性能		
55	2	2	1	6	温度和压力对塑料熔体的影响		

续表

职业（工种）名称					模具设计师（注塑模）	等级	三级
职业代码							
序号	鉴定点代码				鉴定点内容	备注	
	章	节	目	点			
56	2	2	1	7	分子取向的概念		
57	2	2	1	8	注塑成型中影响分子取向的因素		
	2	2	2		注塑模具结构知识		
58	2	2	2	1	注塑模具的组成		
59	2	2	2	2	注塑模具的基本结构		
	2	2	3		注塑模具设计过程		
60	2	2	3	1	原始资料分析的内容		
61	2	2	3	2	模具结构方案包括的内容		
62	2	2	3	3	模具设计中需进行的主要计算		
63	2	2	3	4	模具设计中所需绘制模具图的种类		
	2	2	4		常用注塑模具材料知识		
64	2	2	4	1	碳素模具钢的特点		
65	2	2	4	2	常用碳素模具钢的牌号		
66	2	2	4	3	渗碳模具钢的特点		
67	2	2	4	4	常用渗碳模具钢的牌号		
68	2	2	4	5	预硬型模具钢的特点		
69	2	2	4	6	常用预硬型模具钢的牌号		
70	2	2	4	7	时效硬化型模具钢的特点		
71	2	2	4	8	常用时效硬化型模具钢的牌号		
	2	3			模具加工工艺基础知识		
	2	3	1		注塑模架加工工艺知识		
72	2	3	1	1	模架的组成		
73	2	3	1	2	模架的作用		
74	2	3	1	3	模板加工工艺流程相关知识		
75	2	3	1	4	导套加工工艺流程相关知识		
76	2	3	1	5	导柱加工工艺流程相关知识		

续表

职业（工种）名称					模具设计师（注塑模）	等级	三级
职业代码							
序号	鉴定点代码				鉴定点内容	备注	
	章	节	目	点			
	2	3	2		注塑模具工作零件加工工艺知识		
77	2	3	2	1	模具工作零件的概念		
78	2	3	2	2	成型零件的加工方法		
79	2	3	2	3	成型零件表面粗糙度、尺寸精度的一般要求		
80	2	3	2	4	型芯加工工艺流程相关知识		
81	2	3	2	5	凹模加工工艺流程相关知识		
	2	3	3		注塑模具通用零件加工工艺知识		
82	2	3	3	1	注塑模具通用零件加工工艺种类		
83	2	3	3	2	注塑模具通用零件加工设备		
	2	3	4		注塑模具零件热处理知识		
84	2	3	4	1	模具制造中常用的热处理工艺		
85	2	3	4	2	退火和正火的目的		
86	2	3	4	3	淬火的目的		
87	2	3	4	4	常见的淬火方法		
88	2	3	4	5	淬透性的概念		
89	2	3	4	6	淬硬性的概念		
90	2	3	4	7	淬透性的应用		
91	2	3	4	8	常见淬火缺陷		
92	2	3	4	9	钢回火的目的		
93	2	3	4	10	回火的种类		
94	2	3	4	11	回火的应用		
95	2	3	4	12	调质处理的概念		
96	2	3	4	13	表面淬火的种类		
97	2	3	4	14	表面淬火的应用		
98	2	3	4	15	钢的化学热处理的概念		
99	2	3	4	16	渗碳的目的		

续表

职业（工种）名称					模具设计师（注塑模）	等级	三级
职业代码							
序号	鉴定点代码				鉴定点内容	备注	
	章	节	目	点			
100	2	3	4	17	渗碳后的热处理		
101	2	3	4	18	渗碳用钢的成分特点		
102	2	3	4	19	渗氮的目的		
103	2	3	4	20	渗氮件的性能		
104	2	3	4	21	碳氮共渗的概念		
105	2	3	4	22	其他表面处理技术的应用		
	2	4			注塑模具装配与调试基础知识		
	2	4	1		注塑模具的装配		
106	2	4	1	1	注塑模具装配特点		
107	2	4	1	2	注塑模具装配技术要求		
108	2	4	1	3	注塑模具装配工艺要点		
109	2	4	1	4	注塑模具装配顺序		
	2	4	2		注塑模具的调试		
110	2	4	2	1	模具调试的目的		
111	2	4	2	2	注塑模具调试要点		
	2	4	3		测量与测量工具		
112	2	4	3	1	常用测量工具的种类		
113	2	4	3	2	尺寸的测量方法		
114	2	4	3	3	表面粗糙度的测量方法		
	2	5			模具质量管理		
	2	5	1		模具质量管理基础知识		
115	2	5	1	1	全面质量管理的定义		
116	2	5	1	2	产品质量特性的内容		
117	2	5	1	3	模具生产过程中质量管理的内容		
	3				设计准备		
	3	1			设计准备基础知识		

续表

职业（工种）名称					模具设计师（注塑模）	等级	三级
职业代码							
序号	鉴定点代码				鉴定点内容	备注	
	章	节	目	点			
	3	1	1		CAD 知识		
118	3	1	1	1	CAD 的定义		
119	3	1	1	2	常用 CAD 软件		
120	3	1	1	3	常用坐标系的种类		
121	3	1	1	4	常用计算机图形交换标准		
122	3	1	1	5	几何造型的概念		
123	3	1	1	6	常用几何模型种类		
124	3	1	1	7	实体造型的概念		
125	3	1	1	8	常用实体造型方法		
126	3	1	1	9	特征建模的概念		
127	3	1	1	10	特征建模方法		
	3	1	2		塑料材料成型特性		
128	3	1	2	1	热塑性塑料的成型特性		
129	3	1	2	2	热固性塑料的成型特性		
	3	1	3		塑件成型基础知识		
130	3	1	3	1	注射模塑的基本原理		
131	3	1	3	2	注射成型前的准备		
132	3	1	3	3	注射过程的组成步骤		
133	3	1	3	4	塑件后处理的目的		
134	3	1	3	5	塑件后处理的方法及注意事项		
	3	1	4		塑件成型设备结构		
135	3	1	4	1	注塑机的结构组成		
136	3	1	4	2	注塑机的种类		
137	3	1	4	3	通用注塑机的特点		
	3	2			工艺方案的确定		
	3	2	1		塑件成型工艺性分析		

续表

职业（工种）名称					模具设计师（注塑模）	等级	三级
职业代码							
序号	鉴定点代码				鉴定点内容	备注	
	章	节	目	点			
138	3	2	1	1	塑件设计时应考虑的因素		
139	3	2	1	2	塑件工艺设计的主要内容		
140	3	2	1	3	塑件尺寸要求		
141	3	2	1	4	塑件精度要求		
142	3	2	1	5	塑件的表面粗糙度要求		
143	3	2	1	6	塑件几何形状的要求		
144	3	2	1	7	嵌件的用途		
145	3	2	1	8	嵌件的形式		
146	3	2	1	9	带嵌件塑件的设计要点		
	3	2	2		塑件成型工艺方案的确定		
147	3	2	2	1	注射成型主要的工艺条件		
148	3	2	2	2	选择料筒温度的注意事项		
149	3	2	2	3	选择喷嘴温度的注意事项		
150	3	2	2	4	选择模具温度的注意事项		
151	3	2	2	5	确定塑化压力及注射压力的注意事项		
152	3	2	2	6	成型周期中所涉及的时间及其注意事项		
	3	2	3		注射模塑结构设计知识		
153	3	2	3	1	确定型腔数量及排列方式的注意事项		
154	3	2	3	2	浇注系统的组成		
155	3	2	3	3	排气方式的种类		
156	3	2	3	4	简单推出机构常见的结构形式		
157	3	2	3	5	确定成型零件主要结构形式的原则		
158	3	2	3	6	整体式凹模的概念		
159	3	2	3	7	整体式凹模的特点		
160	3	2	3	8	整体嵌入式凹模的概念		
161	3	2	3	9	整体嵌入式凹模的特点及注意事项		

续表

职业（工种）名称					模具设计师（注塑模）	等级	三级
职业代码							
序号	鉴定点代码				鉴定点内容		备注
	章	节	目	点			
162	3	2	3	10	局部镶嵌式凹模的特点		
163	3	2	3	11	拼块式组合凹模的概念		
164	3	2	3	12	拼块式组合凹模的种类		
165	3	2	3	13	拼块式组合凹模的特点		
166	3	2	3	14	整体式型芯的概念及特点		
167	3	2	3	15	组合式型芯的概念及特点		
168	3	2	3	16	成型杆的概念		
169	3	2	3	17	成型杆在设计时的注意事项		
170	3	2	3	18	模具电阻加热的形式		
171	3	2	3	19	冷却装置的形式		
	4				设计初步		
	4	1			工艺计算		
	4	1	1		注塑模具型腔数的确定		
172	4	1	1	1	确定注塑模具型腔数目需要考虑的因素		
173	4	1	1	2	确定注塑模具型腔数目的方法		
	4	1	2		注塑模具成型零件工作尺寸的计算		
174	4	1	2	1	塑件误差的影响因素		
175	4	1	2	2	塑料成型收缩率的确定		
176	4	1	2	3	成型零件工作尺寸计算方法的种类		
177	4	1	2	4	成型零件工作尺寸计算时的注意事项		
178	4	1	2	5	型腔和型芯的径向尺寸计算		
179	4	1	2	6	型腔深度和型芯高度的尺寸计算		
180	4	1	2	7	成型孔之间中心距的计算		
	4	1	3		注塑机有关工艺参数的校核		
181	4	1	3	1	最大注射量的概念		
182	4	1	3	2	最大注射量的校核		

续表

职业（工种）名称					模具设计师（注塑模）	等级	三级
职业代码							
序号	鉴定点代码				鉴定点内容	备注	
	章	节	目	点			
183	4	1	3	3	注射压力的概念		
184	4	1	3	4	注射压力的校核		
185	4	1	3	5	锁模力的概念		
186	4	1	3	6	锁模力的校核		
187	4	1	3	7	喷嘴尺寸的校核		
188	4	1	3	8	定位孔尺寸的校核		
189	4	1	3	9	模板规格与拉杆间距的校核		
190	4	1	3	10	安装螺孔尺寸的校核		
191	4	1	3	11	模具厚度与注塑机模板闭合厚度的校核		
192	4	1	3	12	开模行程的校核		
193	4	1	3	13	顶出装置的校核		
	4	1	4		注塑设备选用		
194	4	1	4	1	注塑机各个组成部分的作用		
195	4	1	4	2	注塑机型号的意义		
196	4	1	4	3	注塑机主要技术参数		
197	4	1	4	4	注塑机技术参数的选择		
	4	2			注塑模具结构布局设计		
	4	2	1		分型面基本知识		
198	4	2	1	1	分型面的概念		
199	4	2	1	2	分型面的形状种类		
200	4	2	1	3	影响分型面选择的因素		
201	4	2	1	4	选择分型面的基本原则		
	4	2	2		浇注系统知识		
202	4	2	2	1	浇注系统的概念		
203	4	2	2	2	浇注系统设计的基本原则		
204	4	2	2	3	主流道的设计要点		

续表

职业（工种）名称					模具设计师（注塑模）	等级	三级
职业代码							
序号	鉴定点代码				鉴定点内容	备注	
	章	节	目	点			
205	4	2	2	4	分流道的设计要点		
206	4	2	2	5	冷料穴和拉料杆的设计要点		
207	4	2	2	6	浇口的设计要点		
	4	2	3		冷却系统知识		
208	4	2	3	1	冷却通道的设计原则		
209	4	2	3	2	冷却通道的形式		
210	4	2	3	3	冷却水道的布局		
211	4	2	3	4	冷却通道直径的确定		
	4	2	4		推出机构知识		
212	4	2	4	1	推出机构的设计原则		
213	4	2	4	2	简单推出机构的选用		
214	4	2	4	3	脱模力的计算		
215	4	2	4	4	推杆的形状及尺寸的确定		
216	4	2	4	5	推杆的固定形式及装配要求		
217	4	2	4	6	推杆的复位与导向设计要点		
218	4	2	4	7	推管的设计要点		
219	4	2	4	8	推件板的设计要点		
220	4	2	4	9	推块的设计要点		
	5				注塑模具零部件设计		
	5	1			注塑模具标准零件的建立与选用		
	5	1	1		注塑模具标准零件的选用		
221	5	1	1	1	注塑模具标准件的主要类别		
222	5	1	1	2	导向机构的作用		
223	5	1	1	3	导向机构类型的选用		
224	5	1	1	4	导柱数量、尺寸的确定		
225	5	1	1	5	导柱的布置方式		

续表

职业（工种）名称					模具设计师（注塑模）	等级	三级
职业代码							
序号	鉴定点代码				鉴定点内容	备注	
	章	节	目	点			
226	5	1	1	6	导向零件设计时的注意事项		
227	5	1	1	7	导柱的常用结构		
228	5	1	1	8	导套的主要结构形式		
229	5	1	1	9	动模座板和定模座板尺寸的确定		
230	5	1	1	10	型腔壁厚和底板厚度的确定		
231	5	1	1	11	确定固定板尺寸的注意事项		
232	5	1	1	12	支承板厚度的确定		
233	5	1	1	13	垫块尺寸的确定		
234	5	1	1	14	螺钉的选用		
235	5	1	1	15	销钉的选用		
	5	1	2		注塑模具标准零件三维模型的建立		
236	5	1	2	1	三维零件建模知识		
	5	2			注塑模具非标准零件的建立		
	5	2	1		注射模具非标准零件的设计		
237	5	2	1	1	注塑模具材料的基本要求		
238	5	2	1	2	注塑模具材料的选择原则		
239	5	2	1	3	注塑模具非标准零件设计的原则		
240	5	2	1	4	注塑模具非标准零件的设计方法		
241	5	2	1	5	二维模具零件图的视图布局		
242	5	2	1	6	二维模具零件图的标注规范		
243	5	2	1	7	注塑模具工作零件材料的选择		
	5	2	2		注塑模具非标准零件的结构分析		
244	5	2	2	1	模具强度对零件的影响		
245	5	2	2	2	模具刚度对零件的影响		
246	5	2	2	3	注塑模具型腔刚度的计算依据		
247	5	2	2	4	注塑模具型腔强度的计算依据		

续表

职业（工种）名称					模具设计师（注塑模）	等级	三级
职业代码							
序号	鉴定点代码				鉴定点内容		备注
	章	节	目	点			
248	5	2	2	5	注塑模具型芯刚度的计算依据		
249	5	2	2	6	注塑模具型芯强度的计算依据		
250	5	2	2	7	注塑模具型腔刚度的计算		
251	5	2	2	8	注塑模具型腔强度的计算		
252	5	2	2	9	注塑模具型芯刚度的计算		
253	5	2	2	10	注塑模具型芯强度的计算		
	5	2	3		注塑模具非标准零件加工工艺分析		
254	5	2	3	1	模具零件加工中车削的应用		
255	5	2	3	2	车削加工的精度		
256	5	2	3	3	模具零件加工中铣削的应用		
257	5	2	3	4	铣削加工的精度		
258	5	2	3	5	模具零件加工中刨削的应用		
259	5	2	3	6	刨削加工的精度		
260	5	2	3	7	常见磨床的种类		
261	5	2	3	8	模具零件加工中磨削的应用		
262	5	2	3	9	磨削加工的精度		
263	5	2	3	10	常见的磨削缺陷		
264	5	2	3	11	模具零件加工中坐标镗床的应用		
265	5	2	3	12	坐标镗床加工的精度		
266	5	2	3	13	模具零件加工中坐标磨床的应用		
267	5	2	3	14	坐标磨床加工的精度		
268	5	2	3	15	常见模具表面加工方法		
269	5	2	3	16	模具零件加工中钻削的应用		
270	5	2	3	17	钻削加工的精度		
271	5	2	3	18	模具零件加工中镗削的应用		
272	5	2	3	19	镗削加工的精度		

续表

职业（工种）名称					模具设计师（注塑模）	等级	三级
职业代码							
序号	鉴定点代码				鉴定点内容		备注
	章	节	目	点			
273	5	2	3	20	模具零件加工中铰削的应用		
274	5	2	3	21	铰削加工的精度		
275	5	2	3	22	模具零件加工中扩孔的应用		
276	5	2	3	23	扩孔加工的精度		
277	5	2	3	24	研磨的特点		
278	5	2	3	25	电火花加工的概念		
279	5	2	3	26	常用电极材料		
280	5	2	3	27	常用电极的结构形式		
281	5	2	3	28	电极尺寸的确定方法		
282	5	2	3	29	工件电火花加工前的准备内容		
283	5	2	3	30	电规准的内容		
284	5	2	3	31	电规准的确定原则		
285	5	2	3	32	电火花线切割加工原理		
286	5	2	3	33	电火花线切割加工特点		
287	5	2	3	34	影响电火花线切割精度的因素		
288	5	2	3	35	穿丝孔位置的确定		
	6				模具总体设计		
	6	1			标准模架选用与校核		
	6	1	1		选定标准模架		
289	6	1	1	1	常用标准模架的类型		
290	6	1	1	2	各种标准模架的特点		
291	6	1	1	3	各种标准模架的用途		
292	6	1	1	4	选用标准模架的依据		
	6	1	2		标准模架的装配		
293	6	1	2	1	注塑模架各零件要求		
294	6	1	2	2	模架装配步骤		

续表

职业（工种）名称					模具设计师（注塑模）	等级	三级
职业代码							
序号	鉴定点代码				鉴定点内容	备注	
	章	节	目	点			
295	6	1	2	3	模架检测标准		
	6	2			创建模具总装配三维模型		
	6	2	1		模具总装配三维模型的建立		
296	6	2	1	1	三维装配建模技术		
297	6	2	1	2	自下向上的装配结构的建立		
298	6	2	1	3	自顶向下的装配结构的建立		
	6	2	2		模具装配的静态干涉检验		
299	6	2	2	1	静态干涉检验的内容		
300	6	2	2	2	简单干涉检验的方法		
	6	3			生成模具总装配二维图		
	6	3	1		模具总装配图基础知识		
301	6	3	1	1	配合的种类		
302	6	3	1	2	配合的标注方法		
303	6	3	1	3	模具常用配合		
304	6	3	1	4	模具总装配图绘制内容		
305	6	3	1	5	模具总装配图的布局		
306	6	3	1	6	模具总装配图中零部件的编号方法		
307	6	3	1	7	模具总装配图明细表的内容		
308	6	3	1	8	模具总装配图标题栏的内容		
309	6	3	1	9	模具总装配图的简化画法		
310	6	3	1	10	模具总装配图中技术要求的内容		
	7				模具调试与验收		
	7	1			注塑模具调试		
	7	1	1		试模材料检查		
311	7	1	1	1	试模材料检查的内容		
312	7	1	1	2	试模材料检查的方法		
	7	1	2		试件质量检查		

续表

职业（工种）名称					模具设计师（注塑模）	等级	三级
职业代码							
序号	鉴定点代码				鉴定点内容	备注	
	章	节	目	点			
313	7	1	2	1	试模前检查的内容		
314	7	1	2	2	对调试人员的要求		
315	7	1	2	3	试件质量检查的内容		
	7	2			注塑模具验收		
	7	2	1		试模过程记录		
316	7	2	1	1	模具试模过程		
317	7	2	1	2	记录试模过程的意义		
	7	2	2		试模过程调整		
318	7	2	2	1	注塑模具试模常见缺陷		
319	7	2	2	2	注塑模具试模常见缺陷的产生原因		
320	7	2	2	3	注塑模具试模常见缺陷的调整方法		

第 3 部分

理论知识复习题

职业道德

一、判断题（将判断结果填入括号中。正确的填“√”，错误的填“×”）

1. 职业道德规范是指从事某种职业的人们在职业生活中所要遵循的标准和准则。（　）

2. 重视安全、环保，坚持文明生产是模具设计师的职业道德特点之一。（　）

3. 模具设计师（注塑模）是指从事企业注塑模具的数字化设计，在传统模具设计的基础上，充分应用数字化设计工具，提高模具设计质量，缩短模具设计周期的人员。（　）

4. 模具设计师的职业功能主要是模具调试和验收。（　）

5. 严格执行设计程序、设计标准与工作规范是模具设计师的基本职业守则之一。（　）

6. 模具设计师的职业技能高就可以说其职业素养好。（　）

7. 是否爱岗敬业是评价模具设计师业务素养的一个指标。（　）

二、单项选择题（选择一个正确的答案，将相应的字母填入题内的括号中）

1. 职业道德规范是指从事某种职业的人们在职业生活中所要遵循的（　）。

A. 标准　　B. 准则　　C. 标准和准则　　D. 规范

2. 职业道德包括两方面的内容：一方面是从事某种职业的人在（　）中处理各种关系、矛盾的行为准则；另一方面是评价从事某种职业的人职业行为好坏的标准。

A. 生活　　B. 现实生活　　C. 职业生活　　D. 社会生活

3. 以下哪项不是模具设计师的职业道德特点：（　）。

A. 严格执行设计程序、设计标准与工作规范

B. 尽量选用非标准零件

C. 重视安全、环保，坚持文明生产

D. 尊重知识产权，严格执行安全保密规程

4. 关于模具设计师的职业道德要求，以下说法中错误的是（　）。

A. 要爱岗敬业　　B. 要刻苦学习，提高自己的业务能力

C. 能够团结合作　　D. 不要主动配合他人工作

5. 关于模具设计师的职业道德要求，以下说法中错误的是（　）。

A. 能够遵守企业的有关规定　　B. 能够保守企业秘密

C. 不要与人合作　　D. 能够自觉履行各项职责

6. 模具设计师（注塑模）是指从事企业注塑模具的数字化设计，在传统模具设计的基础上，充分应用（　），提高模具设计质量，缩短模具设计周期的人员。

A. 理论知识　　B. 数字化设计工具

C. 先进工艺手段　　D. 先进技术

7. 模具设计师的职业功能大体可分为设计准备、初步设计、（　）、模具总体设计及模具调试和验收等阶段。

A. 模具零部件设计　　B. 模具标准件设计

C. 模具非标准零件设计　　D. 模具型芯型腔设计

8. 关于模具设计师的基本职业守则，以下说法中错误的是（　）。

A. 遵守法律、法规和有关规定

B. 爱岗敬业，具有高度责任心

C. 严格执行设计程序、设计标准与工作规范

D. 工作特立独行

9. 关于模具设计师的基本职业守则，以下说法中错误的是（　）。

A. 工作认真，团结合作　　B. 尊重知识产权，严格执行安全保密规程

C. 遵守法律、法规和有关规定　　D. 灵活修改设计标准与工作规范

10.（　　）不属于模具设计师的职业素养。

A. 职业道德　　B. 职业技能　　C. 职业行为习惯　　D. 职业规则

11.（　　）不属于模具设计师的职业素养。

A. 职业意识　　B. 职业技能　　C. 职业规范　　D. 职业行为习惯

12. 关于模具设计师的业务素养，错误的说法是（　　）。

A. 应该刻苦学习，钻研业务　　B. 应该忠于职守，自觉履行各项职责

C. 应该严格执行企业设计标准　　D. 应该灵活执行企业设计程序

三、多项选择题（选择一个以上正确的答案，将相应的字母填入题内的括号中）

1. 职业道德包括的内容有（　　）。

A. 从事某种职业的人在职业生活中处理各种关系、矛盾的行为准则

B. 从事某种职业的人在生活中处理各种关系、矛盾的行为准则

C. 从事某种职业的人在生活中的道德准则

D. 评价从事某种职业的人职业行为好坏的标准

E. 评价从事某种职业的人社会行为好坏的标准

2. 关于模具设计师的职业道德特点，正确的说法是（　　）。

A. 工作认真负责　　B. 严格执行设计程序

C. 尽量选用标准零件　　D. 严格执行设计标准

E. 严格执行工作规范

3. 关于模具设计师（注塑模）的职业定义，错误的说法是（　　）。

A. 从事企业注塑模具设计的人员　　B. 从事企业模具设计的人员

C. 从事企业压铸模具设计的人员　　D. 从事企业冲压模具设计的人员

E. 从事企业挤压模具设计的人员

4. 模具设计师的职业功能包括（　　）。

A. 设计准备　　B. 初步设计　　C. 模具调试和验收

D. 模具零部件设计　　E. 模具总体设计

5. 模具设计师的职业素养可以从（　　）等方面来进行评价。

A. 职业道德　　B. 职业技能　　C. 职业行为习惯
D. 职业规则　　E. 职业意识

6. 关于模具设计师的业务素养，正确的说法是（　　）。
A. 工作认真负责　　B. 爱岗敬业
C. 严格执行企业设计标准　　D. 灵活执行企业设计程序
E. 灵活执行企业工作规范

基础知识

一、判断题（将判断结果填入括号中。正确的填“√”，错误的填“×”）

1. 第一角画法中左视图要画在主视图的右面。（　　）
2. 用几个互相平行的剖切平面剖开零件的方法称为阶梯剖。（　　）
3. 半剖视图主要用于内外结构都需要表达的对称零件。（　　）
4. 同一形体的尺寸应尽量集中标注在一个视图上。（　　）
5. 利用坐标标注时，定义的原点必须与坐标系的原点重合。（　　）
6. 圆柱度属于形状公差。（　　）
7. 回转体类（如轴类）零件，主视图应选加工位置。（　　）
8. 表面粗糙度符号$\surd$表示表面用去除材料的方法获得。（　　）
9. 同一基本尺寸，公差等级越高，标准公差数值越小，也即尺寸精确程度越高。（　　）

10. 孔的公差带完全在轴的公差带之下，这时任取其中一对孔和轴相配，都称为间隙配合。（　　）

11. 若采用基孔制，则选择配合的关键是确定孔的基本偏差代号。（　　）

12. $\phi 40\,\dfrac{H7}{g6}$是属于基轴制配合。（　　）

13. 配合代号用孔、轴公差带代号组合表示，写成分数形式，分子为孔的公差带代号，分母为轴的公差带代号。（　　）

14. 模具标准化对于提高模具设计和制造水平、提高模具质量、缩短制模周期、降低成

本等都具有十分重要的意义。（ ）

15. 模具标准化体系包括四大类标准，即模具工艺质量标准、模具基础标准、模具零部件标准以及模具生产相关的技术标准。（ ）

16. 强度是指构件抵抗破坏的能力。（ ）

17. 塑性是在某种载荷条件下材料产生永久变形的特性。（ ）

18. 零件在交变载荷作用下，经过长期运转后发生的破坏称为疲劳。（ ）

19. 摩擦使相互接触的零件表面产生一系列的机械、物理和化学的相互作用，结果导致零件表面金属转移、分离，引起零件尺寸变形，这种现象称为磨损。（ ）

20. 金属材料在室温或高温下，抵抗介质对它化学腐蚀的能力，称为金属材料的化学性能。（ ）

21. 热处理是将钢在固态下加热到预定温度，保温一定时间，然后以预定方式冷却到室温的一种热加工工艺。（ ）

22. 合金不一定具有金属特性。（ ）

23. 含碳量的增加会使铁碳合金的塑性、韧性降低，而硬度升高。（ ）

24. 我国的钢材编号采用数字系统。（ ）

25. 由于合金元素与铁、碳以及合金元素之间的相互作用，改变了钢的内部组织结构，从而提高和改善了钢的性能。（ ）

26. 常用碳素结构钢的牌号表示法是由代表屈服点的字母（Q）、屈服点数值、质量等级符号及脱氧方法符号四部分组成。（ ）

27. 正常含锰量的优质碳素结构钢的牌号是用两位数字表示钢中平均含碳量为万分之多少。（ ）

28. 优质碳素结构钢常用于制造各种机器零件，具有高的强度、塑性、韧性和良好的疲劳强度及耐磨性。（ ）

29. 合金结构钢的牌号由“平均含碳量＋合金元素符号＋合金元素含量”组成。（ ）

30. 合金结构钢 40Cr 具有高的抗弯、抗扭疲劳特性，但是韧性较差。（ ）

31. 塑料是指在常温下具有一定形状，强度较高，受力后能发生一定形变的聚合物。（ ）

32. 塑料按照热性能分为热塑性塑料和热固性塑料。　（　）

33. 热塑性塑料的废料通常可回收再利用。　（　）

34. 热固性塑料的废料通常可回收再利用。　（　）

35. 热塑性塑料在恒定压力下，随着受热温度的变化，表现出玻璃态、高弹态和黏流态。　（　）

36. 玻璃化温度是大多数塑料成型加工的最低温度。　（　）

37. 塑料加热到分解温度附近时，聚合物开始分解变色。　（　）

38. 聚合物熔体的流动行为很复杂，成型过程中熔体的黏度不是一个常数。　（　）

39. 在塑性成型中，温度对熔体黏度的影响与聚合物的性质有很大关系。　（　）

40. 所谓分子取向就是在应力作用下，聚合物分子链倾向于沿应力方向作平行排列的现象。　（　）

41. 分子取向程度与浇口开设的位置和形状有很大关系。　（　）

42. 注塑模具排气系统通常在分型面处开设排气槽，不可利用活动零件间的配合间隙排气。　（　）

43. 注塑模具设计过程中估算塑件体积和质量的目的是为了选用成型设备，提高设备利用率。　（　）

44. 分型面的位置要有利于模具加工、排气、脱模及成型操作，无须考虑塑件的精度和表面质量。　（　）

45. 模具设计中所需绘制的模具图有总装图和非标准零件工作图。　（　）

46. 碳素模具钢与优质碳素钢相比有害杂质含量更低，这类钢一般适用于制作普通热塑性塑料成型模具。　（　）

47. 渗碳模具钢塑性好，退火后具有良好的切削加工性能，但热处理工艺较复杂、变形大。　（　）

48. 预硬型模具钢最适合制作形状复杂的大、中型精密塑料模具，但可切削性能较差。

（　）

49. 时效硬化型模具钢一般具有焊接性能好以及可以进行表面氮化等优点，适于制造复杂、精密、高寿命模具。　（　）

50. 供给模具厂的模板坯料应当是精制、标准板坯。（　　）

51. 根据导套的结构、形状的技术要求，其加工工艺顺序需先进行内孔加工，再以内孔为基准，加工其外圆和其他加工面。（　　）

52. 导柱零件常用的加工工艺主要有车削工艺、磨削工艺和研磨工艺。（　　）

53. 模具成型零件是直接与塑料接触并决定塑料形状和尺寸精度的零件。（　　）

54. 凹模制造工艺过程中工艺阶段的划分和一般机械零件基本相同，可分为粗加工、半精加工、精加工和精饰加工四个阶段。（　　）

55. 模具用板件呈六面体，其加工性质为平面加工。平面切削加工常用刨床、铣床和磨床。（　　）

56. 常用的热处理工艺分为普通热处理、表面热处理及特殊热处理。（　　）

57. 正火的目的是获得珠光体类型的组织。（　　）

58. 常见的淬火方法有单液淬火、双液淬火、分级淬火和等温淬火。（　　）

59. 淬透性是指钢在淬火时获得贝氏体的能力。（　　）

60. 淬硬性是指钢在淬火后形成的马氏体组织的硬度，主要取决于马氏体的含碳量。（　　）

61. 常见的淬火缺陷有过热、过烧、表面氧化、脱碳等。（　　）

62. 回火的目的是减少或消除淬火应力，稳定组织，提高钢的塑性和韧性。（　　）

63. 淬火钢在回火时发生以下几种转变：马氏体中碳的偏聚、马氏体的分解、残余奥氏体的转变、碳化物的转变、渗碳体的聚集长大和 α 相回复及再结晶。（　　）

64. 淬火后中温回火的热处理方法称为调质处理。（　　）

65. 表面淬火的种类有感应加热、火焰加热、化学热处理等。（　　）

66. 小模数齿轮一般用高频感应加热表面淬火进行处理。（　　）

67. 化学热处理是指改变金属表面层的化学成分和性能的一种热处理工艺。（　　）

68. 渗碳工件必须经过淬火、回火热处理才能达到表层高塑性、心部高韧性的要求。（　　）

69. 渗氮的目的是使工件表面形成氮化物层来提高硬度和耐磨性。（　　）

70. 与渗碳件相比，渗氮件具有更高的表面硬度和耐磨性，但是热稳定性不好。（　　）

71. 真空热处理的零件变形小，表面光亮洁净，可减少或省去磨削余量。（ ）

72. 先将相互配合的零件装配成组件或部件，然后再将组件或部件进行最后的总装配和试模。（ ）

73. 当推杆数量较多时，装配时应注意将推杆和推杆孔选配，防止出现推杆动作不灵活、卡紧的现象。（ ）

74. 注塑模具装配应先确定装配基准，装配前对零件进行检测、去磁和清洗。（ ）

75. 模具调试的目的是发现新材料。（ ）

76. 注塑模具调试应先进行调整前检查，在试模过程中进行缺陷的检查、分析，再根据缺陷进行调整。（ ）

77. 计量器具按结构特点可分为量具、量规、量仪和测量装置四类。（ ）

78. 壁厚差法是测量同轴度误差的常用方法。（ ）

79. 干涉法是利用光波干涉原理测量表面粗糙度的一种测量方法。（ ）

80. 全面质量管理的目的是为了保证和提高产品质量。（ ）

81. 模具生产过程中质量管理的内容就是加工工艺管理。（ ）

二、单项选择题（选择一个正确的答案，将相应的字母填入题内的括号中）

1. 第一角画法中俯视图要画在主视图的（ ）。

A. 上面　　B. 下面　　C. 左面　　D. 右面

2. 下列不属于常用的剖切面种类的是（ ）。

A. 单一剖切面　　B. 几个平行的剖切面

C. 几个旋转的剖切面　　D. 几个相交的剖切面

3. 下列说法中正确的是（ ）。

A. 采用阶梯剖平面时，几个平行的剖切平面可能是两个或两个以上，各剖切平面的转折处可以不是直角

B. 旋转剖平面只适用于盘盖类零件

C. 采用圆柱面剖切时，一般应按展开绘制，因此在剖视图上方应标出“×—×展开”

D. 采用几个平行的剖切平面画剖视图时，剖切平面的转折处可以与视图中的实线或

虚线重合

4. 下列说法中正确的是（　　）。

A. 半剖视图的标注方法与全剖视图不同

B. 当局部剖视图采用的是单一剖切平面，其剖切位置明确时，也必须标注

C. 所有的对称零件都适宜画成半剖视图

D. 画半剖视图应注意半个剖视图与半个视图的内、外分界线必须是细点画线

5. 下列说法中错误的是（　　）。

A. 尺寸应尽量避免标注在虚线上

B. 同轴回转体的直径尺寸尽量注在反映轴线的视图上

C. 同一形体的尺寸应尽量集中标注在一个视图上

D. 标准形位公差时，对于同一个被测要素有多项形位公差要求时，不可以在一个指引线上画出多个公差框格

6. 下列说法中错误的是（　　）。

A. 对相贯的两回转面形体，应以轴线为基准标注两形体的相对位置尺寸

B. 标准形位公差时，对于同一个被测要素有多项形位公差要求时，不可以在一个指引线上画出多个公差框格

C. 同轴回转体的直径尺寸尽量注在反映轴线的视图上

D. 同一形体的尺寸应尽量集中标注在一个视图上

7. 当要求保持中心距或各轴肩带精确尺寸时，不宜采用（　　）标注尺寸。

A. 链状法　　B. 坐标法　　C. 综合法　　D. 基准法

8. 下列说法中错误的是（　　）。

A. 对于不规则的孔分布可以使用坐标标注

B. 进行坐标标注时首先要定义标注原点

C. 利用坐标标注时，定义的原点必须与坐标系的原点重合

D. 坐标标注就是要标注图元相对于标注原点的 X，Y 距离

9. 下列属于位置公差的是（　　）。

A. 直线度　　B. 圆度　　C. 平行度　　D. 圆柱度

10. 下列说法中正确的是（　　）。

A. 非回转体类零件（如箱体类、叉架类等加工位置多样的零件），主视图应选加工位置

B. 回转体类零件（如轴类），主视图应选工作位置

C. 倾斜安装的零件，为便于画图，主视图应选加工位置

D. 主视图上应尽可能多地展现零件内外结构形状及它们之间的相对位置关系

11. 下列说法中错误的是（　　）。

A. 回转体类零件（如轴类），主视图应选工作位置

B. 非回转体类零件（如箱体类、叉架类等加工位置多样的零件），主视图应选工作位置

C. 主视图上应尽可能多地展现零件内外结构形状及它们之间的相对位置关系

D. 一般要选取最能反映物体结构形状特征的视图作为主视图

12. 下列说法中正确的是（　　）。

A. 同一公差等级，基本尺寸越大，标准公差值相应也越大

B. 同一基本尺寸，公差等级越高，标准公差数值越小，也即尺寸精确程度越低

C. 在公差等级中，IT01～IT12 用于非配合尺寸，IT13～IT18 用于配合尺寸

D. 在一般机械中，一般的配合部位用 IT8、IT9

13. 下列说法中正确的是（　　）。

A. 同一基本尺寸，公差等级越高，标准公差数值越小，也即尺寸精确程度越低

B. 同一公差等级，基本尺寸越大，标准公差值相应越小

C. 在选用公差等级时，通常孔比轴低一级

D. 在公差等级中，IT01～IT12 用于非配合尺寸，IT13～IT18 用于配合尺寸

14. 下列说法中正确的是（　　）。

A. 孔的公差带完全在轴的公差带之下，这时任取其中一对孔和轴相配，都称为间隙配合

B. 配合是基本尺寸相同的孔与轴的结合

C. 间隙配合中孔的公差带完全在轴的公差带之下

D. 孔和轴的加工精度越高，其配合精度也越高

15. 配合是（　　）相同的孔与轴的结合。

A. 实际尺寸　　B. 作用尺寸　　C. 基本尺寸　　D. 实效尺寸

16. 下列关于基孔制配合的说法中错误的是（　　）。

A. 若采用基孔制，则选择配合的关键是确定孔的基本偏差代号

B. 通过变动轴的公差带位置，即选取不同基本偏差的轴的公差带而形成各种配合的制度称为基孔制

C. 基孔制配合也有间隙配合、过渡配合和过盈配合

D. 基孔制配合中孔是配合的基准件，而轴是非基准件

17. 下列说法中错误的是（　　）。

A. 通过变动孔的公差带位置，即选取不同基本偏差的孔的公差带而形成各种配合的制度称为基轴制

B. 若采用基轴制，则选择配合的关键是确定轴的基本偏差代号

C. 在选用配合基准时，应优先考虑基孔制

D. 基轴制配合也有间隙配合、过渡配合和过盈配合

18. $\phi 40\frac{H7}{g6}$是属于（　　）。

A. 基轴制过盈配合　　B. 基轴制间隙配合

C. 基孔制过盈配合　　D. 基孔制间隙配合

19. 基孔制通常用于下列情况（　　）。

A. 所用配合的公差等级要求不高

B. 轴承内圈与轴的配合

C. 在同一基本尺寸的轴上同时安装几个不同配合性质的孔件时

D. 活塞销和孔要求过渡配合

20. 基轴制通常不会应用于下列情况（　　）。

A. 所用配合的公差等级要求很高

B. 活塞销和孔要求过渡配合

C. 在同一基本尺寸的轴上同时安装几个不同配合性质的孔件时

D. 标准件的外表面与其他零件的内表面配合时

21. 如尺寸及配合代号为 $\phi40\ \frac{H7}{g6}$，下列说法中错误的是（　　）。

A. 它属于基轴制配合　　B. 孔与轴的基本尺寸是 $\phi40$

C. 孔的公差等级为7级　　D. 轴的基本偏差为 g

22. 模具标准化对于（　　）、提高模具质量、缩短制模周期、降低成本等都具有十分重要的意义。

A. 提高模具设计和制造水平　　B. 增加制模周期

C. 提高刀具的使用寿命　　D. 提高运输成本

23. 模具标准化对于提高模具设计和制造水平、提高模具质量、（　　）、降低成本、节约材料和采用高新技术，都具有十分重要的意义。

A. 缩短制模周期　　B. 提高工人素质

C. 提高刀具的使用寿命　　D. 提高运输成本

24. 制定模具标准应有利于对模具设计、模具制造精度与（　　）进行控制。

A. 塑料性能　　B. 塑料种类　　C. 模具质量　　D. 塑料颜色

25. 模具标准化体系包括四大类标准，即模具基础标准、（　　）、模具工艺质量标准及与模具生产相关的技术标准。

A. 模具刀具标准　　B. 模具零部件标准

C. 模具夹具标准　　D. 模具材料标准

26. 已颁布的塑料模具技术标准有（　　）《塑料注射模模架》《塑料注射模技术条件》等。

A.《塑料注射模零件及技术条件》　　B.《塑料注射模零件加工刀具标准》

C.《塑料注射模零件选材标准》　　D.《模具验收标准》

27. 强度是指构件抵抗（　　）的能力。

A. 破坏　　B. 变形　　C. 外力　　D. 爆炸

28. 塑性是在某种载荷条件下材料产生（　　）的特性。

A. 非永久变形　　B. 变形　　C. 一定变形　　D. 永久变形

29. 硬度测试方法有（　　）、刻线法和弹跳法等。

A. 拉伸法　　B. 压入法　　C. 显微镜法　　D. 金相法

30. 按照测量方法的不同，硬度不包括（　　）。

A. 布氏硬度　　B. 维式硬度　　C. 洛氏硬度　　D. 微观硬度

31. 零件在交变载荷作用下，经过长期运转后发生的（　　）称为疲劳。

A. 非永久变形　　B. 变形　　C. 一定变形　　D. 破坏

32. 磨损不受（　　）的影响。

A. 接触面表面粗糙度　　B. 接触面摩擦力大小

C. 材料塑性　　D. 接触面应力状态

33. 不属于金属材料的化学性能的是（　　）。

A. 抗腐蚀性　　B. 抗氧化性　　C. 耐酸性　　D. 耐磨性

34. 热处理的理论基础是（　　）。

A. 加热温度　　B. 冷却方式

C. 钢的组织转变规律　　D. 保温时间

35. 热处理工艺参数不包括（　　）。

A. 加热温度　　B. 保温时间　　C. 冷却方式　　D. 钢的牌号

36. 合金是由两种或两种以上的金属，或金属与非金属，经熔炼、烧结或其他方法组合而成并具有（　　）的物质。

A. 金属和非金属特性　　B. 非金属特性

C. 金属特性　　D. 多种特性

37. 含碳量的增加会使铁碳合金的塑性降低、韧性（　　）、硬度升高。

A. 降低　　B. 增加　　C. 基本不变　　D. 急剧增强

38. 含碳量的增加不会使铁碳合金的（　　）。

A. 塑性降低　　B. 塑性增加　　C. 硬度升高　　D. 韧性降低

39. 按照化学成分可以把钢材分为碳素钢和（　　）。

A. 优质钢　　B. 工具钢　　C. 奥氏体钢　　D. 合金钢

40. 合金元素对钢加热转变的影响一是改变奥氏体的形成速度，二是影响（　　）。

A. 奥氏体的晶粒大小　　B. 马氏体晶粒长大

C. 马氏体转变　　D. 奥氏体分解

41. 合金元素对淬火钢回火过程的组织变化的影响主要体现在（　　）。

A. 提高钢的回火稳定性、产生二次硬化、影响回火脆性

B. 降低钢的回火稳定性、产生二次硬化、影响回火脆性

C. 提高钢的回火稳定性、消除二次硬化、影响回火脆性

D. 降低钢的回火稳定性、消除二次硬化、提高回火脆性

42. 常用碳素结构钢的牌号表示法是由代表屈服点的字母、屈服点数值、质量等级符号及（　　）四部分组成。

A. 含碳量　　B. 脱氧方法符号　　C. 合金元素含量　　D. 含铬量

43. 常用碳素结构钢的牌号表示法不包括（　　）。

A. 代表屈服点的字母　　B. 屈服点的数值

C. 质量等级符号　　D. 含碳量

44. 常用碳素结构钢性能表现为（　　）。

A. 塑性较好、硬度较高　　B. 塑性较好、强度较高

C. 塑性较差、强度较高　　D. 塑性较差、强度较低

45. 含锰量较高的优质碳素结构钢牌号表示法为（　　）。

A. 平均含碳量　　B. 含锰量

C. 碳元素符号　　D. 平均含碳量+锰元素符号

46. 45钢的综合力学性能良好，（　　），水淬时易生裂纹。

A. 淬透性很高　　B. 淬透性较好　　C. 淬透性低　　D. 淬硬性较高

47. 钢号36Mn2Si中“36”代表（　　）。

A. 含碳量3.6%　　B. 含碳量0.36%　　C. 含锰量0.36%　　D. 含锰量3.6%

48. 合金结构钢40Cr（　　）。

A. 综合力学性能较低　　B. 综合力学性能较高

C. 韧性较差　　D. 硬度很低

49. 塑料是指在常温下具有一定形状，强度较高，受力后能（　　）的聚合物。

A. 不发生形变　　B. 发生形变，但去除外力后又恢复原状

C. 发生一定形变　　D. 力学性能不变

50. 塑料的主要成分是（　　）。

A. 树脂　　B. 添加剂　　C. 稳定剂　　D. 低分子化合物

51. 塑料按照热性能分为热塑性塑料和（　　）。

A. 树脂　　B. 热固性塑料　　C. 工程塑料　　D. 特种塑料

52. 塑料按照热性能分为热固性塑料和（　　）。

A. 树脂　　B. 热塑性塑料　　C. 工程塑料　　D. 特种塑料

53. 下列属于热塑性塑料中的通用塑料的是（　　）。

A. PC　　B. PA　　C. PE　　D. PPS

54. 下列属于热固性塑料的是（　　）。

A. 聚乙烯　　B. 聚四氟乙烯　　C. 酚醛　　D. 聚苯乙烯

55. 热塑性塑料在恒定压力下，随着受热温度的变化，表现出玻璃态、（　　）和黏流态。

A. 高弹态　　B. 弹性态　　C. 塑性态　　D. 纤维态

56. 玻璃化温度是大多数塑料成型加工的（　　）温度，也是合理选择塑料的重要依据。

A. 最低　　B. 最高　　C. 平均　　D. 随机

57.（　　）是大多数塑料成型加工的最低温度，也是合理选择塑料的重要依据。

A. 玻璃化温度　　B. 黏流温度　　C. 分解温度　　D. 液化温度

58. 当塑料受热温度超过（　　）时，塑料开始有明显的流动。

A. 玻璃化温度　　B. 黏流温度　　C. 分解温度　　D. 液化温度

59. 当塑料受热温度超过黏流温度时，塑料开始明显（　　）。

A. 流动　　B. 硬化　　C. 凝固　　D. 出现裂纹

60. 塑料加热到分解温度附近时，聚合物开始（　　）。

A. 分解变色　　B. 流动　　C. 玻璃化　　D. 熔化

61. 聚合物熔体的流动行为很复杂，成型中熔体的黏度（　　）。

A. 不是一个常数　　B. 是一个常数　　C. 成线性变化　　D. 其他

62. 聚合物熔体属于非牛顿型液体，根据黏度的变化形式，若不考虑熔体的弹性，可将其分为黏性系统和（　　）。

A. 有时间依赖性的系统　　B. 宾哈液体系统

C. 假塑性液体系统　　D. 膨胀性液体系统

63. 实验证明，聚合物熔体在受压时，其黏度会有所（　　）。

A. 提高　　B. 降低　　C. 不变　　D. 其他

64. 分子取向会导致塑件力学性能（　　）。

A. 各向异性　　B. 各向同性　　C. 增强　　D. 其他

65. 分子取向会导致塑件顺着分子取向的方向上的力学性能总是（　　）其垂直方向上的。

A. 大于　　B. 小于　　C. 等于　　D. 其他

66. 分子取向程度与浇口开设的位置和形状（　　）。

A. 有很大关系　　B. 关系不大　　C. 没关系　　D. 其他

67. 随着模塑温度、塑件厚度、充模温度的增加，分子取向程度（　　）。

A. 会逐渐增强　　B. 会逐渐减弱　　C. 不会受影响　　D. 其他

68. 塑料注射模的结构形式很多，但每副都由（　　）两大部分组成。

A. 左模和右模　　B. 动模和定模　　C. 上模和下模　　D. 前模和后模

69. 塑料注射模的结构形式很多，但每副都由（　　）两大部分组成。

A. 动模和定模　　B. 凸模和凹模　　C. 上模和下模　　D. 内模和外模

70. 注塑模具的冷却装置，一般装在（　　）。

A. 模具型腔及型芯内　　B. 分型面处

C. 模具周围　　D. 模具型腔及型芯周围

71. 注塑模具排气系统通常开设在（　　）。

A. 模具型腔及型芯内　　B. 分型面处

C. 模具周围　　D. 模具型腔及型芯周围

72. 注塑模具设计过程中估算塑件体积和重量的目的是（　　）。

A. 明确塑件模塑成型的可行性　　B. 选用成型设备和提高设备利用率

C. 明确塑件模塑成型的经济性　　D. 选择成型工艺

73. 塑件批量不大、精度要求较高时应采用（　　）。

A. 单型腔　　B. 多型腔　　C. 动模　　D. 定模

74. 注塑模具分型面位置要有利于模具加工、排气、脱模及成型操作，并有利于保证（　　）。

A. 侧向分型　　B. 塑件的精度

C. 塑件的表面质量　　D. 塑件的精度和表面质量

75. 以下不属于确定模具结构方案的选项是（　　）。

A. 确定型腔数量和排列方式　　B. 选择分型面

C. 确定浇注系统和排气系统　　D. 估算塑料件的体积和数量

76. 型腔的工作尺寸计算中除了下凹模镶块、上凹模镶块尺寸外，还包括（　　）的尺寸计算。

A. 左型芯　　B. 右型芯

C. 凸耳对应的型腔　　D. 型孔之间的中心距

77. 以下计算中不属于模具设计中的主要计算的是（　　）。

A. 型腔和型芯工作尺寸的计算　　B. 型腔侧壁和动模垫板厚度的计算

C. 塑件体积和重量的计算　　D. 模具冷却或加热系统的有关计算

78. 模具设计中所需绘制的模具图除总装图外还需（　　）。

A. 非标零件工作图　　B. 工序图

C. 导柱尺寸图　　D. 导套尺寸图

79. 模具设计中所需绘制的模具图除（　　）外还需非标零件工作图。

A. 工序图　　B. 总装图　　C. 导柱尺寸图　　D. 导套尺寸图

80. 碳素模具钢与优质碳素钢相比有害杂质含量（　　），这类钢一般适用于普通热塑性塑料成型模具。

A. 更低　　B. 更高　　C. 相同　　D. 其他

81. 碳素模具钢与优质碳素钢相比有害杂质含量更低，这类钢一般适用于（　　）成型模具。

A. 金属　　B. 普通热固性塑料
C. 普通热塑性塑料　　D. 其他

82. 属于优质碳素塑料模具钢的是（　　）。

A. 3Cr2Mo 钢　　B. 20Cr 钢　　C. SM45 钢　　D. 40Cr 钢

83. 渗碳模具钢塑性好，退火后硬度（　　），具有良好的切削加工性能，热处理工艺较复杂、变形大。

A. 不变　　B. 较高　　C. 较低　　D. 其他

84. 渗碳模具钢塑性好，退火后硬度较低，具有良好的切削加工性能，热处理工艺较复杂、变形（　　）。

A. 大　　B. 小　　C. 可忽略不计　　D. 其他

85. 属于渗碳模具钢的是（　　）。

A. 12CrNi2 钢　　B. 42CrMo 钢　　C. 45 钢　　D. SM50 钢

86. 预硬型模具钢大多数以（　　）为基础，适当加入合金元素制成。

A. 低碳钢　　B. 高碳钢　　C. 中碳钢　　D. 其他

87. 预硬型模具钢的使用硬度一般在（　　）内，可切削性能较差。

A. 30～42 HRC　　B. 15～30 HRC　　C. 45～60 HRC　　D. 其他

88. 时效硬化型模具钢一般具有焊接性能好以及可以进行表面氮化等优点，适于制造（　　）模具。

A. 普通　　B. 复杂、精密、高寿命
C. 低精度　　D. 简单

89. 时效硬化型模具钢在固溶硬化后变软，可进行切削加工，待冷加工成型后进行时效处理，可获得很高的综合力学性能，时效热处理（　　）。

A. 不产生变形　　B. 变形很大　　C. 变形很小　　D. 其他

90. 属于时效硬化型模具钢的是（　　）。

A. 12CrNi2 钢　　B. 20Cr 钢
C. 06Ni6CrMoVTiAl 钢　　D. SM45 钢

91. 不属于模架上的零件是（　　）。

A. 垫块　　B. 型芯　　C. 动模板　　D. 定模座板

92. 塑料注射模架组合具备了模具的（　　）。

A. 主要功能　　B. 浇注系统　　C. 型腔　　D. 冷却系统

93. 塑料注射模架组合具备了模具的主要功能，但它不具备（　　）。

A. 连接零件的作用　　B. 浇注系统

C. 固定零件的作用　　D. 装配零件的作用

94. 一般性的板件，如支承件、垫块以及钢板模架的定模座板、动模座板等应当采用（　　）后的精制板坯。

A. 研磨加工　　B. 半精加工　　C. 精加工　　D. 粗加工

95. 供给模板厂的模板坯料应当是（　　）。

A. 铸造毛坯　　B. 锻造毛坯　　C. 轧制毛坯　　D. 精制、标准板坯

96. 导套内孔的加工工艺主要有热处理前的（　　）以及热处理后的磨孔与研孔等工序。

A. 钻孔、扩孔与镗孔　　B. 铣削　　C. 刨削　　D. 其他

97. 导套内孔的加工工艺主要有热处理前的钻孔、扩孔与镗孔以及热处理后的（　　）等工序。

A. 磨孔与研孔　　B. 铣削　　C. 刨削　　D. 其他

98. 导柱零件常用的加工工艺主要有（　　）、磨削工艺和研磨工艺。

A. 镗削工艺　　B. 钻削工艺　　C. 刨削工艺　　D. 车削工艺

99. 属于模具成型零件的是（　　）。

A. 凹模　　B. 导柱　　C. 动模板　　D. 定模板

100. 常见的成型零件的加工方法有数控铣削工艺、成型磨削工艺及（　　）。

A. 成型镗削工艺　　B. 电火花加工工艺

C. 成型刨削工艺　　D. 成型钻削工艺

101. 模具零件表面粗糙等级与模具类别和零件使用要求有关，一般塑料注射模凸、凹模成型面的表面粗糙度要求为（　　）。

A. 0.1 mm　　B. 0.01 mm　　C. 0.001 mm　　D. 其他

102. 型芯的（　　）是指在加工中，为保证工件被加工表面相对机床、刀具的正确位置所采用的基准。

A. 定位基准　　B. 测量基准　　C. 设计基准　　D. 装配基准

103.（　　）是在工序图上，用以确定本工序被加工表面上加工的尺寸、形状、位置所依据的基准。

A. 定位基准　　B. 测量基准　　C. 工序基准　　D. 装配基准

104. 凹模制造工艺过程中工艺阶段的划分和一般机械零件基本相同，可分为（　　）、半精加工、精加工和精饰加工四个阶段。

A. 钻削加工　　B. 粗加工　　C. 刨削加工　　D. 镗削加工

105. 导套零件的加工工艺主要有车削加工，钻、镗加工，磨削加工及（　　）。

A. 平面磨削　　B. 刨削　　C. 铣削　　D. 研磨加工

106. 模具用板件呈六面体，其加工性质为平面加工，平面切削加工常用刨床、（　　）和磨床。

A. 车床　　B. 钻床　　C. 铣床　　D. 镗床

107. 普通热处理工艺不包括（　　）。

A. 退火　　B. 正火　　C. 淬火　　D. 形变热处理

108. 正火的目的是（　　）。

A. 获得珠光体类型的组织　　B. 获得马氏体类型的组织

C. 获得接近平衡状态的组织　　D. 获得铁素体类型的组织

109. 退火的目的是（　　）。

A. 获得珠光体类型的组织　　B. 获得马氏体类型的组织

C. 获得接近平衡状态的组织　　D. 获得铁素体类型的组织

110. 淬火的目的不是（　　）。

A. 提高强度　　B. 提高硬度　　C. 提高耐磨性　　D. 降低硬度

111. 常见的淬火方法有单液淬火、双液淬火、（　　）和等温淬火。

A. 表面淬火　　B. 高温淬火　　C. 低温淬火　　D. 分级淬火

112. 常见的淬火方法不包括（　　）。

A. 单液淬火　B. 双液淬火　C. 分级淬火　D. 高温淬火

113. 淬透性是指钢在淬火时获得（　　）的能力。

A. 贝氏体　B. 马氏体　C. 珠光体　D. 奥氏体

114. 淬硬性是指钢在淬火后形成的马氏体组织的（　　），主要取决于马氏体的含碳量。

A. 强度　B. 耐磨性　C. 塑性　D. 硬度

115. 低淬透性钢通常用于表面淬火用钢和（　　）。

A. 焊接用钢　B. 齿轮类零件　C. 轴类零件　D. 结构用钢

116. 常见的淬火缺陷有（　　）。

A. 过热、过烧、表面氧化、脱碳等　B. 残余奥氏体增加，硬度降低

C. 淬火应力的出现　D. 网状渗碳体的残留

117. 常见的淬火缺陷不包括（　　）。

A. 硬度降低　B. 过热　C. 过烧　D. 表面氧化

118. 回火的目的不是（　　）。

A. 彻底消除淬火应力　B. 减少或消除淬火应力

C. 稳定组织　D. 提高钢的塑性和韧性

119. 回火按照温度划分不包括（　　）。

A. 低温回火　B. 中温回火　C. 高温回火　D. 软化回火

120. 发动机曲轴在淬火后应该采用（　　）。

A. 低温回火　B. 中温回火　C. 高温回火　D. 软化回火

121. 以下哪个零件不宜采用高温回火：（　　）。

A. 发动机曲轴　B. 连杆　C. 弹簧　D. 齿轮

122. 淬火钢在回火时不发生（　　）。

A. 马氏体中碳的偏聚　B. 马氏体的分解

C. 贝氏体的转变　D. 残余奥氏体的转变

123. 调质处理是指淬火后（　　）。

A. 低温回火　B. 中温回火　C. 高温回火　D. 软化回火

124. 下面不属于表面淬火的方法是（　　）。

A. 感应加热　　B. 火焰加热　　C. 单液淬火　　D. 激光加热

125. 大、中模数齿轮一般用（　　）进行表面热处理。

A. 高频感应加热表面淬火　　B. 中频感应加热表面淬火

C. 工频感应加热表面淬火　　D. 火焰加热表面淬火

126. 轧辊一般用（　　）进行表面热处理。

A. 高频感应加热表面淬火　　B. 中频感应加热表面淬火

C. 工频感应加热表面淬火　　D. 火焰加热表面淬火

127. 和表面淬火相比，化学热处理不仅改变（　　），同时改变了化学成分。

A. 心部组织　　B. 表层组织　　C. 心部及表层组织　　D. 性能

128.（　　）不属于化学热处理的作用。

A. 提高工件表面的硬度　　B. 降低工件表面的抗氧化性

C. 提高工件表面的抗疲劳性　　D. 提高工件表面的耐腐蚀性

129. 渗碳后表面具有高的硬度、耐磨性和（　　）。

A. 低的接触疲劳强度　　B. 高的接触疲劳强度

C. 低的弯曲疲劳强度　　D. 高塑性

130. 渗碳工件必须经过（　　）、淬火、回火热处理才能达到表层高硬度、心部高韧性的要求。

A. 淬火　　B. 淬火＋回火　　C. 退火＋回火　　D. 正火

131.（　　）不属于渗碳后的常用热处理方法。

A. 直接淬火＋回火　　B. 一次淬火＋回火

C. 一次淬火＋正火　　D. 二次淬火＋回火

132. 常用渗碳钢一般为低碳钢或低碳合金钢，含碳量要求在（　　）。

A. 0.15％左右　　B. 1.5％左右

C. 0.15％～0.25％　　D. 0.1％～0.25％

133. 常用渗碳钢一般为低碳钢和（　　）。

A. 中碳钢　　B. 高碳钢　　C. 低碳合金钢　　D. 中碳合金钢

134. 渗氮的目的是提高（　　）和耐磨性。

A. 脆性　　B. 疲劳强度　　C. 抗弯曲强度　　D. 硬度

135. 渗氮是使工件表面形成氮化物层来提高硬度和（　　）。

A. 脆性　　B. 疲劳强度　　C. 抗弯曲强度　　D. 耐磨性

136. 与渗碳件相比，渗氮件具有（　　）。

A. 更高的表面硬度和耐磨性，但是热稳定性不好

B. 更高的表面硬度和耐磨性，热稳定性较好

C. 不高的表面硬度和耐磨性，热稳定性较好

D. 不高的表面硬度和耐磨性，热硬性较好

137. 与渗碳件相比，渗氮件具有更高的表面（　　）和耐磨性。

A. 强度　　B. 硬度　　C. 耐腐蚀性　　D. 韧性

138. 碳氮共渗的特点不包括（　　）。

A. 氮的渗入降低了钢的临界点　　B. 氮的渗入使其淬透性提高

C. 碳氮共渗比渗碳要慢　　D. 碳氮共渗比渗氮要快

139. 在淬火后，碳氮共渗零件表面获得高碳含氮（　　）。

A. 贝氏体　　B. 马氏体　　C. 珠光体　　D. 奥氏体

140. 下列说法中错误的是（　　）。

A. 真空退火主要用于活性金属、耐热金属、不锈钢

B. 铜及铜合金的光亮退火需采用真空退火

C. 真空管材的脱气退火需采用真空退火

D. 磁性材料不应采用真空退火

141. 注塑模具装配顺序没有严格要求，但有一个突出的特点是（　　）。

A. 先安装模柄　　B. 先修整凹模刃口

C. 零件的加工和装配常常是同步进行的　　D. 先修整凸模刃口

142. 注塑模具装配顺序没有严格要求，以下说法中不正确的是（　　）。

A. 零件的加工和装配常常是同步进行的

B. 先将相互配合的零件装配成组件或部件

C. 先安装模柄

D. 其他

143. 模具装配后导柱、导套要垂直于模座，导向精度要达到图样要求的（ ）。

A. 配合精度 B. 形状精度 C. 加工精度 D. 尺寸精度

144. 模具装配后导柱、导套要（ ），导向精度要达到图样要求的配合精度。

A. 垂直于模座 B. 平行于模座 C. 倾斜于模座 D. 其他

145. 当推杆数量较多时，装配时应注意（ ），防止出现推杆动作不灵活、卡紧现象。

A. 推杆动作不能过于灵活 B. 推杆不能太短

C. 推杆不能太长 D. 将推杆和推杆孔选配

146. 注塑模具装配应先确定装配基准，装配前对零件进行（ ）、去磁和清洗。

A. 检测 B. 淬火 C. 正火 D. 回火

147. 注塑模具装配应先确定装配基准，装配前对零件进行检测、去磁和（ ）。

A. 清洗 B. 淬火 C. 正火 D. 回火

148. 模具调试的目的之一是（ ）。

A. 检测塑料的强度 B. 发现模具在设计和制造过程中存在的问题

C. 检测模具材料硬度 D. 验证模具材料强度

149. 注塑模具调试应先（ ），在试模过程中进行缺陷的检查、分析，再根据缺陷进行调整。

A. 检测塑料的强度 B. 检查模柄是否安装正确

C. 检测模具材料硬度 D. 进行调整前检查

150. 下列属于卡尺类量仪的是（ ）。

A. 百分表 B. 扭簧比较仪 C. 数显量角器 D. 普通千分尺

151. 下列不属于机械类量仪的是（ ）。

A. 百分表 B. 千分表 C. 杠杆比较仪 D. 普通千分尺

152. 下列说法中正确的是（ ）。

A. 用外径千分尺测量圆柱体直径属于间接测量

B. 用光切显微镜测量表面粗糙度属于非接触测量

C. 在线测量的结果仅限于发现并剔除次品

D. 不等精度测量是指测量过程中决定测量结果的全部因素或条件不变的测量方法

153. 以下属于平行度误差测量方法的是（　　）。

A. 打表法　　B. 光隙法　　C. 闭合测量法　　D. 光轴法

154.（　　）不属于常用的表面粗糙度的检测方法。

A. 比较法　　B. 光切法　　C. 干涉法　　D. 归纳法

155. 下列说法中正确的是（　　）。

A. 表面粗糙度的选用，应在满足表面功能要求情况下，尽量选用小的表面粗糙度数值

B. 干涉法是利用光波干涉原理测量表面粗糙度的一种测量方法

C. 归纳法属于常用的表面粗糙度的检测方法

D. 针描法是一种非接触式测量表面粗糙度的方法

156. 全面质量管理是指企业为了保证和提高产品质量，组织全体职工及有关部门参加，综合运用一整套（　　），控制影响质量全过程的各因素，结合改善生产技术，经济地研制和生产用户满意的产品的系统管理活动。

A. 质量管理体系　　B. 管理技术

C. 科学方法　　D. 质量管理体系、管理技术和科学方法

157. 产品质量特性不包括（　　）。

A. 寿命　　B. 性能　　C. 成本　　D. 运输

158. 产品质量特性在经济方面包括（　　）。

A. 操作方便性　　B. 运转可靠性　　C. 物理性能　　D. 制造成本

159. 模具的管理不包括（　　）。

A. 模具的入库与发放　　B. 模具的保管方法

C. 模具报废的管理方法　　D. 模具材料的购买

160. 模具生产过程中质量管理内容不包含（　　）。

A. 模具加工工艺　　B. 模具生产周期

C. 制造精度　　D. 模具材料的购买

三、多项选择题（选择一个以上正确的答案，将相应的字母填入题内的括号中）

1. 下列说法中正确的是（　　）。

A. 第一角画法中俯视图要画在主视图的上面

B. 第一角画法中左视图要画在主视图的左面

C. 第一角画法中右视图要画在主视图的右面

D. 第一角画法中后视图要画在主视图的右面

E. 第一角画法中仰视图要画在主视图的上面

2. 常见的单一剖切面有（　　）。

A. 单一剖切平面　　B. 单一剖切弧面　　C. 单一斜剖切面

D. 单一剖切柱面　　E. 单一剖切球面

3. 画局部剖视图时应注意（　　）。

A. 对剖切位置明显的局部剖视图，必须标注

B. 同一视图中不宜采用过多的局部剖视图

C. 局部剖视图中一般采用波浪线作为剖视图和视图的分界线

D. 局部剖视图中也可用折线作为剖视图和视图的分界线

E. 局部剖视图中剖视图和视图的分界线可以在穿通的孔或槽中连起来

4. 下列说法中错误的是（　　）。

A. 对于不规则的孔分布可以使用坐标标注

B. 进行坐标标注时首先要定义标注原点

C. 利用坐标标注时，定义的原点必须与坐标系的原点重合

D. 坐标标注就是要标注图元相对于标注原点的 X，Y 距离

E. 坐标标注中，零件两个相邻坐标尺寸之间的尺寸公差取决于该相邻尺寸误差之差

5. 下列属于形状公差的是（　　）。

A. 直线度　　B. 同轴度　　C. 倾斜度

D. 对称度　　E. 圆柱度

6. 下列说法中正确的是（　　）。

A. 非回转体类零件（如箱体类、叉架类等加工位置多样的零件），主视图应选加工位置

B. 回转体类零件（如轴类），主视图应选工作位置

C. 倾斜安装的零件，为便于画图，主视图应选加工位置

D. 主视图上应尽可能多地展现零件内外结构形状及它们之间的相对位置关系

E. 一般要选取最能反映物体结构形状特征的视图作为主视图

7. 下列说法中正确的是（　　）。

A. 表面粗糙度符号 √，表示表面用去除材料的方法获得

B. 表面粗糙度符号 √○，表示表面是用不去除材料的方法获得

C. 表面粗糙度符号 √▽，表示表面用去除材料的方法获得

D. 表面粗糙度符号 √▽，表示用去除材料方法获得的表面粗糙度，*R*a 的下限值为 3.2 μm

E. 表面粗糙度符号 √▽，用于标注有关参数和说明

8. 下列说法中错误的是（　　）。

A. 同一公差等级，基本尺寸越大，标准公差值相应也越大

B. 同一基本尺寸，公差等级越高，标准公差数值越小，也即尺寸精确程度越低

C. 在公差等级中，IT01～IT12 用于非配合尺寸，IT13～IT18 用于配合尺寸

D. 在一般机械中，一般的配合部位用 IT8、IT9

E. 在选用公差等级时，通常孔比轴低一级

9. 下列说法中正确的是（　　）。

A. 若采用基孔制，则选择配合的关键是确定孔的基本偏差代号

B. 通过变动轴的公差带位置，即选取不同基本偏差的轴的公差带而形成各种配合的制度称为基孔制

C. 基孔制配合的孔为基准孔，用基本偏差 H 表示

D. 基孔制配合也有间隙配合、过渡配合和过盈配合

E. 基孔制配合中轴是配合的基准件，而孔是非基准件

10. 下列说法中正确的是（　　）。

A. 在选用配合基准时，应优先考虑基轴制

B. 若采用基轴制，则选择配合的关键是确定孔的基本偏差代号

C. 基轴制配合的轴为基准轴，用基本偏差 h 表示

D. 基轴制配合没有间隙配合、过渡配合和过盈配合之分

E. 通过变动孔的公差带位置，即选取不同基本偏差的孔的公差带而形成各种配合的制度称为基轴制

11. 如尺寸及配合代号为 $\phi 40\,\dfrac{H7}{g6}$，下列说法中正确的是（　　）。

A. 它属于基轴制配合　　B. 孔与轴的基本尺寸是 $\phi 40$

C. 孔的公差等级为 7 级　　D. 轴的基本偏差为 g

E. 属于过渡配合

12. 模具标准化对于（　　）都具有十分重要的意义。

A. 缩短制模周期　　B. 提高模具设计和制造水平

C. 提高工人素质　　D. 降低成本

E. 提高模具质量

13. 制定模具标准应有利于对（　　）进行控制。

A. 模具设计　　B. 塑料种类　　C. 模具质量

D. 塑料颜色　　E. 模具制造精度

14. 模具标准化体系包括四大类标准，即（　　）及与模具生产相关的技术标准。

A. 模具基础标准　　B. 模具工艺质量标准　　C. 模具零部件标准

D. 模具材料标准　　E. 模具刀具标准

15. 已颁布的塑料模具技术标准有（　　）等。

A.《塑料注射模零件及技术条件》　　B.《塑料注射模模架》

C.《塑料注射模零件选材标准》　　D.《模具验收标准》

E.《塑料注射模技术条件》

16. 关于强度的概念，以下说法中错误的是（　　）。

A. 强度是指构件抵抗破坏的能力　　B. 强度是指构件抵抗塑性变形的能力

C. 强度是指构件抵抗变形的能力　　D. 抗拉强度是指构件抵抗破坏的能力

E. 屈服强度是指构件抵抗破坏的能力

17. 下列说法中正确的是（　　）。

A. 塑性是在某种载荷条件下材料产生永久变形的特性

B. 塑性是指材料在载荷卸除后变形就完全消失的特性

C. 塑性指标是由拉伸试验测得的

D. 塑性好的金属可以发生大量塑性变形而不破坏

E. 铸铁的塑性可达 50%

18. 硬度测试方法有（　　）。

A. 拉伸法　　B. 压入法　　C. 显微镜法

D. 刻线法　　E. 弹跳法

19. 引起疲劳破坏的应力具有的基本特点是（　　）。

A. 应力是变化的　　B. 应力是不变的

C. 应力不是反复作用的　　D. 应力是不变的，是反复作用在零件上的

E. 应力反复作用在零件上

20. 下列关于磨损的说法中正确的是（　　）。

A. 磨损是由相互接触的物体表面的咬合引起的

B. 磨损是由相互接触的物体表面的摩擦引起的

C. 磨损不受接触面表面粗糙度的影响

D. 磨损不受材料塑性的影响

E. 磨损不受接触面应力状态的影响

21. 金属材料的化学性能包括（　　）。

A. 抗腐蚀性　　B. 抗氧化性　　C. 耐碱性

D. 耐磨性　　E. 冲击韧性

22. 热处理工艺参数包括（　　）。

A. 加热温度　　B. 保温时间　　C. 冷却方式

D. 钢的牌号　　E. 钢的厚度

23. 下列关于合金的说法中正确的是（　　）。

A. 合金不一定具有金属特性

B. 合金一定具有金属特性

C. 合金必须是两种或两种以上的金属组合而成的

D. 合金可以是两种或两种以上的金属与非金属组合而成的

E. 合金必须是两种金属与非金属组合而成的

24. 含碳量的增加会使铁碳合金的（　　）。

A. 塑性降低　　B. 塑性增加　　C. 硬度升高

D. 韧性降低　　E. 韧性增加

25. 合金元素对钢加热转变的影响有（　　）。

A. 改变奥氏体的形成速度　　B. 影响马氏体晶粒长大

C. 影响马氏体转变　　D. 影响奥氏体分解

E. 影响奥氏体的晶粒的大小

26. 常用碳素结构钢的牌号表示法包括（　　）。

A. 代表屈服点的字母　　B. 屈服点的数值　　C. 质量等级符号

D. 脱氧方法符号　　E. 含碳量

27. 含锰量较高的优质碳素结构钢牌号表示法包括（　　）。

A. 平均含碳量　　B. 含锰量　　C. 碳元素符号

D. 平均含锰量　　E. 锰元素符号

28. 45钢具有的性能包括（　　）。

A. 综合力学性能良好　　B. 淬透性较好　　C. 淬透性低

D. 小型件宜采用调质处理　　E. 大型件宜采用退火处理

29. 合金结构钢的牌号组成包括（　　）。

A. 平均含碳量　　B. 合金元素符号　　C. 合金元素含量

D. 质量等级符号　　E. 平均含锰量

30. 合金结构钢40Cr具有的性能是（　　）。

A. 较低的综合力学性能　　B. 较高的综合力学性能

C. 高的抗弯、抗扭疲劳特性　　D. 韧性较差

E. 韧性较好

31. 塑料的添加剂主要包括（　　）。

A. 树脂　　B. 填料　　C. 增塑剂

D. 润滑剂　　E. 固化剂

32. 塑料按照使用性能分为（　　）。

A. 热塑性塑料　　B. 工程塑料　　C. 热固性塑料

D. 通用塑料　　E. 特种塑料

33. 下列属于热塑性塑料中的通用塑料的是（　　）。

A. PC　　B. PA　　C. PE

D. PPS　　E. PVC

34. 下列属于热固性塑料的是（　　）。

A. 聚乙烯　　B. 聚四氟乙烯　　C. 环氧

D. 聚丙烯　　E. 酚醛

35.（　　）不是大多数塑料成型加工的最低温度。

A. 玻璃化温度　　B. 黏流温度　　C. 分解温度

D. 液化温度　　E. 软化温度

36. 热塑性塑料在某两个温度之间的范围越宽，塑料成型加工就越容易进行，这两个温度是（　　）。

A. 黏流温度　　B. 分解温度　　C. 玻璃化温度

D. 出现裂纹温度　　E. 固化温度

37. 聚合物熔体根据黏度的变化形式，若不考虑熔体的弹性，可将其分为黏性系统和有时间依赖性的系统，以下属于黏性系统的是（　　）。

A. 牛顿型液体　　B. 宾哈液体　　C. 假塑性液体

D. 膨胀性液体　　E. 摇溶性液体

38. 在塑料成型时，可以通过改变（　　）的办法来调节聚合物的黏度。

A. 温度　　B. 应力　　C. 应变

D. 压力　　E. 时间

39. 分子取向会影响塑件力学性能，以下说法中错误的是（　　）。

A. 分子取向会导致塑件力学性能各向异性

B. 分子取向会导致塑件力学性能各向同性

C. 分子取向会使塑件力学性能增强

D. 分子取向与塑件力学性能无关

E. 其他

40. 增加（　　），分子取向程度也随之增加。

A. 浇口长度　　B. 压力　　C. 充模时间

D. 充模温度　　E. 其他

41. 以下哪些属于注塑模具的结构组成：（　　）。

A. 型腔　　B. 浇注系统　　C. 导向、推出、分型抽芯机构

D. 冷却和加热装置　　E. 排气系统

42. 注塑模具原始资料分析内容包括（　　）。

A. 明确塑件的设计要求　　B. 明确塑件的生产批量

C. 估算塑件的体积和重量　　D. 分析塑件的成型工艺

E. 了解工厂的现场生产条件

43. 分型面的位置要有利于（　　）。

A. 模具加工　　B. 排气　　C. 脱模

D. 保证塑件精度　　E. 保证表面质量

44. 塑料模具设计当中需要计算的主要内容有（　　）。

A. 型腔和型芯工作尺寸的计算　　B. 型腔侧壁和动模垫板厚度的计算

C. 斜销等侧面分型与抽芯的计算　　D. 塑件体积和重量的计算

E. 模具冷却或加热系统的有关计算

45. 碳素模具钢与优质碳素钢相比有害杂质含量更低，这类钢一般不适用于（　　）成型模具。

A. 金属　　B. 普通热固性塑料　　C. 普通热塑性塑料

D. 玻璃　　D. 其他

46. 渗碳模具钢塑性好、退火后硬度较低，具有良好的切削加工性能，另外，（　　）。

A. 热处理工艺较复杂　　B. 变形大　　C. 热处理工艺较简单

D. 变形小　　E. 变形可忽略不计

47. 属于渗碳模具钢的是（　　）。

A. 12CrNi2 钢　　B. 42CrMo 钢　　C. 20CrMnTi 钢

D. SM50 钢　　E. 45 钢

48. 下列关于预硬型模具钢的说法中正确的是（　　）。

A. 使用硬度一般在 30～42 HRC 内

B. 可切削性能较差

C. 最适合制作形状复杂的大、中型精密塑料模具

D. 大多数以中碳钢为基础研制而成

E. 其他

49. 时效硬化型模具钢主要包括两个类型，它们是（　　）。

A. 马氏体时效钢　　B. 析出硬化型钢

C. 预硬型模具钢　　D. 渗碳模具钢

E. 渗氮模具钢

50. 导柱零件常用的加工工艺主要有（　　）。

A. 车削工艺　　B. 磨削工艺　　C. 研磨工艺

D. 钻削工艺　　E. 刨削工艺

51. 常见的成型零件的加工方法有（　　）。

A. 数控铣削工艺　　B. 成型磨削工艺　　C. 成型刨削工艺

D. 电火花加工工艺　　E. 成型镗削工艺

52. 工艺基准可分为（　　）。

A. 定位基准　　B. 测量基准　　C. 工序基准

D. 装配基准　　E. 设计基准

53. 凹模制造工艺过程中工艺阶段的划分和一般机械零件基本相同，可分为（　　）等四个阶段。

A. 粗加工　　B. 精饰加工　　C. 半精加工
D. 精加工　　E. 刨削加工

54. 属于导套零件的加工工艺主要有（　　）。
A. 车削加工　　B. 钻　　C. 刨削
D. 研磨加工　　E. 铣削

55. 模具用板件呈六面体，其加工性质为平面加工，平面切削加工常用（　　）。
A. 车床　　B. 刨床　　C. 铣床
D. 磨床　　E. 钻床

56. 普通热处理工艺包括（　　）。
A. 退火　　B. 正火　　C. 淬火
D. 回火　　E. 形变热处理

57. 淬火的目的是（　　）。
A. 降低硬度　　B. 提高强度　　C. 提高硬度
D. 改善切削加工性能　　E. 提高耐磨性

58. 常见的淬火方法有（　　）。
A. 单液淬火　　B. 双液淬火　　C. 分级淬火
D. 高温淬火　　E. 低温淬火

59. 淬透性表示钢在一定条件下淬火时获得淬透层深度的能力，主要受奥氏体中（　　）的影响。
A. 碳含量　　B. 锰含量　　C. 铅含量
D. 合金元素　　E. 硅含量

60. 以下组织中与钢淬火后的脆硬性无关的有（　　）。
A. 马氏体　　B. 奥氏体　　C. 上贝氏体
D. 珠光体　　E. 下贝氏体

61. 低淬透性钢通常用于（　　）。
A. 焊接用钢　　B. 齿轮类零件　　C. 轴类零件
D. 结构用钢　　E. 表面淬火用钢

62. 回火的目的是（　　）。

A. 彻底消除淬火应力　B. 减少或消除淬火应力　C. 稳定组织

D. 提高钢的塑性和韧性　E. 降低刚度和硬度

63. 下列可以采用高温回火的是（　　）。

A. 发动机曲轴　B. 连杆　C. 弹簧

D. 齿轮　E. 轴承

64. 淬火钢在回火时发生（　　）。

A. 马氏体中碳的偏聚　B. 马氏体的分解　C. 贝氏体的转变

D. 残余奥氏体的转变　E. 奥氏体的分解

65. 下列说法中正确的是（　　）。

A. 小模数齿轮一般用高频感应加热表面淬火进行处理

B. 大、中模数齿轮一般用火焰加热表面淬火进行表面热处理

C. 大、中模数齿轮一般用中频感应加热表面淬火进行表面热处理

D. 轧辊一般用工频感应加热表面淬火进行表面热处理

E. 轧辊一般用中频感应加热表面淬火进行表面热处理

66. 化学热处理的作用是（　　）。

A. 提高工件表面的硬度　B. 降低工件表面的抗氧化性

C. 提高工件表面的抗疲劳性　D. 提高工件表面的耐腐蚀性

E. 降低工件表面的韧度

67. 渗碳后钢的性能包括（　　）。

A. 高塑性　B. 表面具有高的硬度、耐磨性

C. 表面具有高的接触疲劳强度　D. 心部具有足够的韧性和强度

E. 低的弯曲疲劳强度

68. 渗碳后的常用热处理方法是（　　）。

A. 直接淬火＋回火　B. 一次淬火＋回火　C. 一次淬火＋正火

D. 二次淬火＋回火　E. 一次淬火＋退火

69. 与渗碳件相比，渗氮件具有更高的表面（　　）。

A. 强度　　B. 硬度　　C. 耐腐蚀性
D. 韧性　　E. 耐磨性

70. 碳氮共渗的特点包括（　　）。

A. 氮的渗入降低了钢的临界点　　B. 氮的渗入使钢的淬透性提高
C. 碳氮共渗比渗碳要慢　　D. 碳氮共渗比渗氮要快
E. 降低零件表面耐磨性

71. 下列说法中正确的是（　　）。

A. 可用高温形变热处理的零件通常为柴油机连杆和曲轴
B. 真空热处理的零件变形小，表面光亮洁净，可减少或省去磨削余量
C. 真空退火主要用于活性金属、耐热金属、不锈钢
D. 磁性材料不应采用真空退火
E. 铜及铜合金的光亮退火需采用真空退火

72. 模具装配后导柱、导套与模座要保持正确关系，以下说法中错误的是（　　）。

A. 导柱、导套垂直于模座　　B. 导柱、导套平行于模座
C. 导柱、导套倾斜于模座　　D. 导柱垂直于模座、导套平行于模座
D. 其他

73. 当推杆数量较多时，装配时应注意防止出现推杆动作不灵活、卡紧的现象，以下说法中不正确的是（　　）。

A. 装配时应防止推杆动作过于灵活的现象　B. 装配时应注意推杆太短的现象
C. 装配时应注意推杆太长的现象　　D. 装配时应注意将推杆和推杆孔选配
E. 必须使各推杆端面与制件相吻合，使推力均匀

74. 模具调试的目的是（　　）。

A. 发现模具在设计和制造过程中存在的问题
B. 初步提供产品的成型条件及工艺规程
C. 检测模具材料硬度
D. 验证模具材料强度
E. 研究新材料

75. 注塑模具调试过程包括（　　）。

A. 调整前检查　　B. 试模过程中进行的缺陷检查和分析

C. 检测模具材料硬度　　D. 根据缺陷进行调整

E. 检测塑料的强度

76. 形位公差的检测原则为（　　）。

A. 与理想要素比较原则　　B. 测量坐标原则

C. 测量特征参数原则　　D. 测量跳动的原则

E. 最大包容原则

77. 表面粗糙度的检测方法为（　　）。

A. 比较法　　B. 光切法　　C. 干涉法

D. 归纳法　　E. 针描法

78. 以下哪项属于全面质量管理的目的：（　　）。

A. 保证产品质量　　B. 提高产品质量

C. 使用高新技术生产产品　　D. 降低生产成本

E. 优化生产

79. 产品质量特性大体可包括以下几个方面：（　　）。

A. 物质方面　　B. 结构方面　　C. 经济方面

D. 外观方面　　E. 操作运行方面

80. 模具生产过程中质量管理内容包括（　　）。

A. 模具生产周期　　B. 模具加工工艺　　C. 制造精度

D. 模具材料的购买　　E. 研配精度

设计准备

一、判断题（将判断结果填入括号中。正确的填“√”，错误的填“×”）

1. 极坐标系是在平面内由极点、极轴和极径组成的坐标系。（　　）

2. IGES 是与图形数据存储和传输有关的标准。（　　）

3. 在几何造型的同时，在计算机内自动形成零件三维几何模型数据库。（　）

4. CAD 的三维造型有三种层次的建立方法，即线框、特征、实体。（　）

5. 几何实体造型方法中的边界表示法的基本思想是一个复杂物体可以由比较简单的一些形体经过布尔运算后得到。（　）

6. 管理特征不属于构成零件特征的一种。（　）

7. 交互式特征定义设计师直接将特征库中预定义的特征实例化，以实例特征为基本单元建特征模型。（　）

8. 热塑性塑料的成型工艺特性不包括吸湿性。（　）

9. 注塑成型是指塑料先在注塑机的加热料筒中受热熔融，而后由柱塞或往复式螺杆将熔体推挤到闭合模具的模腔中成型的一种方法。（　）

10. 脱模剂的选用不属于注射成型前的准备工作。（　）

11. 注射成型过程包括塑料的加料、塑化、注射入模、保压、冷却及脱模。（　）

12. 塑件后处理的目的是改善和提高制品的性能和稳定尺寸。（　）

13. 卧式注塑机主要由注塑装置、合模装置和机身组成。（　）

14. 注塑机按用途可分为卧式注塑机和立式注塑机。（　）

15. 塑件设计时不应考虑制件的形状和结构。（　）

16. 塑件最小壁厚值与塑料牌号无关。（　）

17. 塑件的表面粗糙度设计只要考虑满足使用要求。（　）

18. 塑件几何形状在设计时除了要满足使用要求外，还要考虑成型工艺要求及模具结构。（　）

19. 塑料制品中镶入嵌件的目的是增加制品的重量。（　）

20. 金属嵌件常见的形式有圆筒形、圆柱形、片状等。（　）

21. 金属嵌件设计时应尽量采用圆形或对称形状，保证收缩均匀。（　）

22. 在注塑工艺中，最重要的工艺参数是料温、喷嘴温度及模具温度。（　）

23. 喷嘴温度通常比料筒温度低，以防熔体在直通式喷嘴上可能发生的“流涎”现象。（　）

24. 模具温度与塑件结构和尺寸无关。（　）

25. 注射压力的大小与注塑机种类有关。（ ）

26. 成型周期时间不包含开模、脱模时间。（ ）

27. 多型腔在模板上排列时，尽可能采用平衡式排列，以便构成平衡式浇注系统。（ ）

28. 普通流道浇注系统由主流道、分流道、浇口和冷却穴组成。（ ）

29. 确定成型零件的结构设计时，只需要满足塑件质量要求。（ ）

30. 整体式凹模是由整块材料加工制成的。（ ）

31. 整体式凹模适用于小型且形状简单的塑件的成型。（ ）

32. 整体嵌入式凹模是指凹模型腔整体嵌入模板中。（ ）

33. 模具结构简单是局部镶嵌式凹模的优点。（ ）

34. 拼块式组合凹模是指由两块拼块镶制而成的凹模。（ ）

35. 降低复杂凹模的加工难度是拼块式组合凹模的优点之一。（ ）

36. 整体式型芯是指型芯由整块材料加工而成。（ ）

37. 提高塑件质量是组合式型芯的优点之一。（ ）

38. 成型杆一般是指成型塑件上台阶的成型零件。（ ）

39. 在设计成型杆时，对于直径小且深度较大的孔，一般采取支柱加强措施。（ ）

40. 工频感应加热法属于模具电阻加热。（ ）

41. 冷却水道的截面主要有圆形和矩形两种形式。（ ）

二、单项选择题（选择一个正确的答案，将相应的字母填入题内的括号中）

1. 关于 CAD 的概念，以下说法中正确的是（ ）。

A. 计算机辅助设计　　B. 计算机辅助制造

C. 计算机辅助工程　　D. 计算机辅助仿真

2.（ ）不属于常用的坐标系。

A. 柱坐标系　　B. 极坐标系　　C. 笛卡尔直角坐标系　　D. 面坐标系

3. 下列说法中错误的是（ ）。

A. 球坐标是一种二维坐标

B. 极坐标系是在平面内由极点、极轴和极径组成的坐标系

C. 直角坐标系中两坐标轴的公共原点叫做原点

D. 柱坐标系有三个坐标变量

4. 下列说法中错误的是（　　）。

A. 线框模型只定义了物体的二维数据

B. 在几何造型的同时，在计算机内自动形成零件三维几何模型数据库

C. 线框模型与二维绘图系统相比，可产生任意视图及任意视点或视向的透视图及轴测图

D. 实体造型技术也称为3D几何造型技术

5. 下列说法中不属于线框模型优点的是（　　）。

A. 与二维绘图系统相比，可产生任意视图及任意视点或视向导透视图及轴测图

B. 数据结构简单，在CPU时间及存储方面开销低

C. 构造模型时操作简单

D. 擅长于构造复杂的曲面物理

6. CAD的三维造型有三种层次的建立方法，即（　　）。

A. 线框、特征、曲面　　B. 线框、特征、实体

C. 线框、曲面、实体　　D. 曲面、特征、实体

7. 下列说法中错误的是（　　）。

A. 实体造型技术也称为3D几何造型技术

B. 半空间法不属于实体造型技术

C. 欧拉运算是通过调整形体的点、边、面而产生新的形体的处理方式

D. 一个长方体可以看做是六个平面的半空间的交集

8. 空间枚举法也称（　　）。

A. 空间单元法　　B. 空间领域法

C. 空间列举法　　D. 空间举例法

9. 下列说法中错误的是（　　）。

A. 构造实体几何法不能转换为线框模型，也不能直接显示工程图

B. 扫描表示法是用曲线、曲面或形体沿某一指定路径运动后生成2D或3D物体的一种常用造型方法

C. 边界表示法虽然能表示曲面，有完整的拓扑信息，但数据量庞大

D. 构造实体几何法是一种以物体的边界表面为基础，定义和描述几何形体的方法

10. 下列不属于构成零件特征的是（　　）。

A. 形状特征　　B. 面特征　　C. 管理特征　　D. 实体特征

11. 下列说法中错误的是（　　）。

A. 基于特征的建模技术是指以特征作为建模的基本元素来描述产品的方法

B. 特征识别是指将几何模型与预定的特征作比较，以确定特征的类型和其他信息

C. 交互式特征定义是属于特征建模模式的一种

D. 交互式特征定义设计师直接将特征库中预定义的特征实例化，以实例特征为基本单元建特征模型

12. 热塑性塑料的成型工艺特性不包括（　　）。

A. 收缩性　　B. 流动性　　C. 热稳定性　　D. 固化特性

13. 热固性塑料的成型工艺特性不包括（　　）。

A. 收缩性　　B. 流动性　　C. 热敏性　　D. 固化特性

14. 注塑成型是指（　　）先在注塑机的加热料筒中加热熔融，而后由柱塞或往复式螺杆将熔体推挤到闭合模具的模腔中成型的一种方法。

A. 材料　　B. 塑料　　C. 热固性塑料　　D. ABS 塑料

15. 注塑成型是指塑料先在注塑机的加热料筒中加热熔融，而后由柱塞或往复式螺杆将熔体推挤到闭合模具的（　　）中成型的一种方法。

A. 模腔　　B. 型芯　　C. 浇道　　D. 流道

16. 注射成型前的准备工作包括原料的预处理、嵌件的预热、脱模剂的选用、（　　）等。

A. 制件退火处理　　B. 机筒的清洗　　C. 制件调湿处理　　D. 制件后处理

17. 注射成型前的准备工作包括原料的预处理、脱模剂的选用、机筒的清洗、（　　）等。

A. 制件退火处理　　B. 嵌件的预热　　C. 制件调湿处理　　D. 制件后处理

18. 注射成型过程中不包括（　　）。

A. 塑料的塑化　　B. 塑料的流动　　C. 脱模剂的使用　　D. 塑料的冷却

19. 注射成型过程包括塑料的加料、塑化、注射入模、保压、冷却及（　　）。

A. 加热　　B. 脱模　　C. 制件后处理　　D. 注射模具安装

20. 塑件后处理的目的是改善、提高制品的性能和（　　）。

A. 表面光洁度　　B. 美观度　　C. 稳定尺寸　　D. 增加脆性

21. 塑件后处理的目的是改善和提高制品的（　　）和稳定尺寸。

A. 性能　　B. 表面粗糙度　　C. 填充性　　D. 抗老化性

22. 塑件后处理包括调湿处理和（　　）。

A. 调质处理　　B. 淬火处理　　C. 正火处理　　D. 退火处理

23. 塑件后处理包括退火处理和（　　）。

A. 调质处理　　B. 淬火处理　　C. 正火处理　　D. 调湿处理

24. 卧式注塑机主要由（　　）、合模装置和机身组成。

A. 注塑装置　　B. 脱模装置　　C. 锁模机构　　D. 塑化料筒

25. 卧式注塑机主要由注塑装置、（　　）和机身组成。

A. 合模装置　　B. 脱模装置　　C. 锁模机构　　D. 塑化料筒

26. 根据注塑装置和合模装置的相对位置可以将注塑机分为卧式注塑机、（　　）、直角式注塑机和多工位注塑机。

A. 立式注塑机　　B. 单工位注塑机　　C. 机械式注塑机　　D. 液压式注塑机

27. 卧式注塑机的特点是（　　）。

A. 机身低，不易于操作和维修　　B. 机身低，易于操作和维修

C. 模具安装简单　　D. 机器占地面积小

28. 卧式注塑机的特点是（　　）。

A. 机身低，不易于操作和维修　　B. 机器重心位置低，安装稳定

C. 模具安装简单　　D. 机器占地面积小

29. 塑件设计时应考虑（　　）有利于模具分型、排气、补缩和冷却。

A. 模具结构　　B. 制件材料　　C. 制件精度　　D. 制件形状

30. 塑件设计时不需要考虑的因素是（　　）。

A. 制件的形状和结构　　B. 制件的材料

C. 制件的技术要求　　D. 制件的后处理

31. 塑件工艺设计的主要内容包括塑件的形状、尺寸、精度、表面质量、壁厚、斜度、（　　）等的设置。

A. 塑件力学性能　　B. 塑件模具　　C. 嵌件　　D. 镶件

32. 塑件工艺设计的主要内容包括塑件的形状、尺寸、精度、表面质量、壁厚、斜度以及制品上的加强筋、孔、嵌件、（　　）等的设置。

A. 塑件力学性能　　B. 塑件模具　　C. 支撑面　　D. 镶件

33. 塑件壁厚首先要满足使用性能要求，还应满足（　　）方面的要求。

A. 制造　　B. 美观　　C. 材料　　D. 热处理

34. 塑件最小壁厚值与塑料牌号和（　　）有关。

A. 塑件斜度　　B. 塑件大小　　C. 塑件圆角　　D. 塑件上孔的大小

35. 塑件设计精度一般参照塑件尺寸和（　　）来确定。

A. 模具精度　　B. 塑料品种　　C. 模具尺寸　　D. 模具结构

36. 塑件设计精度一般参照塑料品种和（　　）来确定。

A. 模具精度　　B. 塑件尺寸　　C. 模具尺寸　　D. 模具结构

37. 塑件的表面粗糙度除了要考虑正常的使用及模具制造难度外，还应考虑（　　）。

A. 塑件尺寸　　B. 模具尺寸　　C. 塑件合格率　　D. 塑件美观性

38. 塑件的表面粗糙度除了要考虑正常的使用及塑件美观性外，还应考虑（　　）。

A. 塑件尺寸　　B. 模具尺寸　　C. 塑件合格率　　D. 模具制造难度

39. 塑件几何形状在设计时除了要满足使用要求外，还要考虑成型工艺要求及（　　）。

A. 模具尺寸　　B. 模具的精度　　C. 模具的结构　　D. 工人操作水平

40. 塑料制品中镶入嵌件的目的是（　　）。

A. 降低塑料消耗　　B. 增加制品重量

C. 降低模具加工难度　　D. 增加塑料流动性

41. 金属嵌件常见的形式有圆筒形、圆柱形、（　　）等。

A. 整体式　　B. 不规则形　　C. 片状　　D. 圆锥形

42. 设计金属嵌件时，其自由伸出长度（　　）。

A. 与塑件长度有关　　B. 可以任意　　C. 不宜太短　　D. 不宜太长

43. 设计金属嵌件时，其形状（　　）。

A. 可任意设计　　B. 可采用规则形状

C. 尽可能采用对称形状　　D. 尽可能采用不规则形状

44. 在注塑工艺中，最重要的工艺参数是温度、压力和相对应的各个作用时间等，其中温度是指（　　）。

A. 料温和喷嘴温度　　B. 喷嘴温度

C. 模具温度　　D. 料温、喷嘴温度及模具温度

45. 在注塑工艺中，最重要的工艺参数是温度、压力和相对应的各个作用时间等，其中作用时间是指（　　）。

A. 注射时间　　B. 保压时间

C. 冷却时间　　D. 注射时间、保压时间及冷却时间

46. 选择料筒温度时，应保证塑料顺利地注射成型而又不引起塑料局部降解，通常料筒末端最高温度应（　　）塑料的流动温度。

A. 高于　　B. 低于　　C. 等于　　D. 不高于

47. 选择喷嘴温度时，不需要考虑的因素是（　　）。

A. 注射压力　　B. 成型周期　　C. 料筒温度　　D. 充模时间

48. 喷嘴温度通常（　　）料筒温度，以防熔体在直通式喷嘴上可能发生的“流涎”现象。

A. 高于　　B. 低于　　C. 等于　　D. 不低于

49. 选择模具温度时，与（　　）无关。

A. 塑件尺寸　　B. 塑料品种　　C. 塑件结构　　D. 注塑机种类

50. 塑化压力主要依据（　　）而定。

A. 喷嘴温度　　B. 塑料品种　　C. 注塑机种类　　D. 料筒温度

51. 注射压力的大小与（　　）无关。

A. 模具温度　　B. 塑料品种　　C. 注射时间　　D. 注塑机种类

52. 成型周期时间不包括（　　）。

A. 充模时间　　B. 保压时间　　C. 装模时间　　D. 冷却时间

53. 注射时间包括充模时间和（　　）。

A. 保压时间　B. 冷却时间　C. 开模时间　D. 脱模时间

54. 以下哪种方法不能够确定型腔的数目：（　　）。

A. 根据经济性确定　B. 根据锁模力确定

C. 根据塑件精度确定　D. 根据塑件尺寸确定

55. 多型腔在模板上排列时，通常不采用（　　）排列。

A. 圆形　B. H形　C. 曲线形　D. 直线形

56. 普通流道浇注系统由主流道、分流道、浇口和（　　）组成。

A. 喷嘴　B. 料筒　C. 冷却穴　D. 型腔

57. 排气方式有利用模具分型面、模具零件的配合间隙或（　　）排气等。

A. 开设排气槽　B. 主流道　C. 分流道　D. 型芯

58. 对于深腔薄壁容器且不允许有推杆痕迹的塑件，可采用（　　）推出机构脱模。

A. 侧向　B. 推板　C. 推管　D. 推块

59. 确定成型零件的结构设计时，以满足塑件质量要求为前提，还要考虑模具制造成本及（　　）。

A. 塑料的流动性　B. 工人加工水平

C. 工人修配水平　D. 成型零件的可加工性

60. 整体式凹模是由（　　）材料加工制成的。

A. 三块　B. 两块　C. 多块　D. 一块

61. 由整块材料加工制成的凹模称为（　　）凹模。

A. 整体式　B. 整体嵌入式　C. 镶嵌式　D. 拼块式

62. 整体式凹模的优点是（　　）。

A. 结构简单　B. 加工工艺性好　C. 便于维修　D. 便于更换

63. 整体式凹模的缺点是（　　）。

A. 结构复杂　B. 加工工艺性差

C. 成型的塑件质量较差　D. 强度差

64. 整体嵌入式凹模是指（　　）整体嵌入模板中。

A. 型芯或型腔　B. 凹模型腔　C. 型芯　D. 型芯和型腔

65. 整体嵌入式凹模的特点是（　　）。

A. 结构可靠性好　　B. 凹模形状、尺寸一致性好

C. 强度好　　D. 不需考虑止转定位

66. 局部镶嵌式凹模是指将（　　）做成镶件，然后嵌入模体的一种组合凹模。

A. 易于磨损的型芯部位　　B. 不易于磨损的型芯部位

C. 易于磨损的型腔部位　　D. 不易于磨损的型腔部位

67. 局部镶嵌式凹模的特点是（　　）。

A. 模具结构简单　　B. 降低加工难度

C. 加强模具强度　　D. 易于更换磨损部位

68. 拼块式组合凹模是指由多块（　　）镶制而成的凹模。

A. 拼块　　B. 型芯　　C. 不同材质型腔　　D. 不同材质型芯

69. 以下哪种不属于拼块式组合凹模：（　　）。

A. 瓣合式凹模　　B. 凹模底部镶拼结构

C. 凹模侧壁镶拼结构　　D. 整体嵌入式凹模

70. 以下哪种属于拼块式组合凹模：（　　）。

A. 整体嵌入式凹模　　B. 整体式凹模

C. 局部镶嵌式凹模　　D. 瓣合式凹模

71. 拼块式组合凹模的优点是（　　）。

A. 便于模具维修　　B. 塑件质量好　　C. 模具精度好　　D. 模具强度好

72. 关于整体式型芯，以下说法中错误的是（　　）。

A. 型芯和模板可以为一整体　　B. 型芯可以嵌入模板

C. 型芯必须是一块材料加工而成的　　D. 型芯可以由多块拼块拼接而成

73. （　　）不属于组合式型芯的优点。

A. 降低复杂型芯的加工难度　　B. 降低模具成本

C. 便于模具维修　　D. 提高塑件质量

74. 成型杆一般是指成型塑件上（　　）的成型零件。

A. 大尺寸孔　　B. 较小孔　　C. 盲孔　　D. 通孔

75. 在设计成型杆时，对于直径小且深度较大的孔，一般采取（　　）措施。

A. 支柱加强　　B. 台阶式　　C. 两端固定　　D. 使用高质量材料

76. 在设计成型杆时，对于（　　）的孔，一般采取支柱加强措施。

A. 直径小　　B. 直径小且深度较大

C. 深度大　　D. 直径大

77. 以下哪种方式属于模具电阻加热的形式：（　　）。

A. 蒸汽加热法　　B. 电阻丝制成的电热圈

C. 工频感应加热法　　D. 介质加热法

78. 以下哪种方式不属于模具电阻加热的形式：（　　）。

A. 电阻丝直接设在模具内　　B. 工频感应加热法

C. 电阻丝制成的电热圈　　D. 电阻丝组成的加热元件镶嵌在模具加热板内

79. 一般在模板中开设的水道截面为（　　）。

A. 梯形　　B. 圆形　　C. 椭圆形　　D. 矩形

三、多项选择题（选择一个以上正确的答案，将相应的字母填入题内的括号中）

1. CAD 系统由（　　）组成。

A. 程序系统　　B. 硬件设备　　C. 系统用户

D. 办公设备　　E. 运输设备

2. 常用的坐标系有（　　）。

A. 柱坐标系　　B. 极坐标系　　C. 笛卡尔直角坐标系

D. 面坐标系　　E. 体坐标系

3. 下列不属于与图形数据存储和传输有关的标准的是（　　）。

A. CORE　　B. VDI　　C. IGES　　D. GKS　　E. CGI

4. 下列说法中错误的是（　　）。

A. 线框模型只定义了物体的二维数据

B. 在几何造型的同时，在计算机内自动形成零件三维几何模型数据库

C. 线框模型与二维绘图系统相比，可产生任意视图及任意视点或视向导透视图及轴测图

D. 实体造型技术也称为 3D 几何造型技术

E. 半空间不属于几何造型中的几何元素

5. 计算机对几何模型的表示模式，按其复杂程度，一般分为（　　）。

A. 线框　　B. 特征　　C. 曲面　　D. 实体　　E. 表面

6. 下列说法中正确的是（　　）。

A. 实体造型技术也称为3D几何造型技术

B. 半空间法不属于实体造型技术

C. 欧拉运算是通过调整形体的点、边、面而产生新的形体的处理方式

D. 一个长方体可以看做是六个平面的半空间的交集

E. 实体造型技术是指描述几何模型的形状和属性的信息并存于计算机内，由计算机生成具有真实感的可视的三维图

7. 在实体造型的应用软件中，使用的几何实体造型的方法一般有（　　）。

A. 扫描表示法　　B. 构造实体几何法　　C. 边界表示法

D. 线框表示法　　E. 点线表示法

8. 特征识别的一般过程是：（　　），组合产生新的特征。

A. 搜索特征　　B. 验证特征　　C. 提取特征信息

D. 确定特征参数　　E. 完成特征模型

9. 热塑性塑料的成型工艺特性包括（　　）。

A. 吸湿性　　B. 热敏性　　C. 相容性　　D. 收缩性　　E. 流动性

10. 热固性塑料的成型工艺特性包括（　　）。

A. 固化特性　　B. 热敏性　　C. 相容性　　D. 收缩性　　E. 流动性

11. 注射成型前的准备工作包括（　　）。

A. 原料的预处理　　B. 嵌件的预热　　C. 机筒的清洗

D. 脱模剂的选用　　E. 制件退火处理

12. 注射成型过程包括塑料的（　　）及脱模。

A. 加料　　B. 塑化　　C. 注射入模　　D. 冷却　　E. 保压

13. 调湿处理时间与（　　）有关。

A. 塑料的种类　　B. 制件尺寸　　C. 制件形状

D. 制件厚度　　E. 制件结晶大小

14. 卧式注塑机主要由（　　）组成。

A. 注塑装置　B. 合模装置　C. 机身　D. 塑化料筒　E. 脱模装置

15. 根据注塑装置和合模装置的相对位置可以将注塑机分为（　　）和多工位注塑机。

A. 卧式注塑机　B. 机械式注塑机　C. 立式注塑机

D. 液压式注塑机　E. 直角式注塑机

16. 卧式注塑机的特点是（　　）。

A. 机身低，不易于操作和维修　B. 机身低，易于操作和维修

C. 模具安装简单　D. 机器占地面积小

E. 机器重心位置低，安装稳定

17. 塑件设计时应考虑的因素有（　　）。

A. 模具型腔数目　B. 制件形状　C. 制件结构

D. 模具用材料　E. 制件材料

18. 塑件工艺设计的主要内容包括（　　）。

A. 塑件的形状和尺寸　B. 塑件的精度　C. 制品上的加强筋

D. 嵌件　E. 镶件

19. 塑件壁厚要满足（　　）等方面的要求。

A. 脱模　B. 塑料充型　C. 塑件强度

D. 塑件尺寸稳定性　E. 塑件刚度

20. 塑件设计精度一般参照（　　）来确定。

A. 模具精度　B. 模具结构　C. 塑件尺寸　D. 模具尺寸　E. 塑料品种

21. 塑件的表面粗糙度设计需要考虑的因素有（　　）。

A. 使用要求　B. 模具尺寸　C. 模具制造难度

D. 塑件尺寸　E. 塑件美观性

22. 塑料制品中镶入嵌件的目的是（　　）。

A. 增强制品局部强度　B. 增加制品尺寸稳定性　C. 降低塑料消耗

D. 增强制品局部刚度　E. 增加制品形状稳定性

23. 金属嵌件常见的形式有（　　）。

A. 圆筒形　B. 圆柱形　C. 圆锥形　D. 不规则形　E. 片状嵌件

24. 金属嵌件设计的基本原则有（　　）。

A. 嵌件尽可能对称　B. 嵌件周围壁厚足够大

C. 嵌件嵌入部分周边有倒角　D. 嵌件要固定

E. 嵌件自由伸出长度不应太长

25. 料筒温度的确定与（　　）有关。

A. 塑料流动温度　B. 塑料分解温度　C. 模具结构

D. 塑件壁厚　E. 塑件结构复杂性

26. 选择喷嘴温度时，应考虑的因素有（　　）。

A. 料筒温度　B. 成型周期　C. 充模时间

D. 注射压力　E. 保压时间

27. 注射压力的大小与（　　）有关。

A. 模具温度　B. 塑料品种　C. 注射时间

D. 注塑机种类　E. 模具结构

28. 成型周期时间包含（　　）。

A. 充模时间　B. 保压时间　C. 装模时间

D. 冷却时间　E. 开模时间

29. 可采用的排气方式有（　　）。

A. 利用模具零件的配合间隙　B. 开设排气槽　C. 利用主流道

D. 利用模具分型面　E. 利用分流道

30. 简单推出机构常见的结构形式有（　　）推出机构等。

A. 推杆　B. 推板　C. 推块　D. 推管　E. 联合

31. 确定成型零件的结构设计时，需要考虑的因素有（　　）。

A. 模具制造成本　B. 满足塑件质量要求　C. 成型零件的可加工性

D. 工人加工水平　E. 塑料性能

32. 关于整体式凹模，以下哪种说法是错误的：（　　）。

A. 由整块材料加工制成　B. 不可以采用嵌入式　C. 可以采用镶嵌式
D. 可以拼块组合　E. 可以采用嵌入式

33. 关于整体嵌入式凹模，以下哪种说法是错误的：（　　）。
A. 凹模型腔整体嵌入模板中　B. 型芯整体嵌入模板中
C. 凹模型腔局部嵌入模板中　D. 型芯局部嵌入模板中
E. 型芯和型腔全部嵌入模板中

34. 整体嵌入式凹模的特点是（　　）。
A. 更换方便　B. 不适于多型腔成型　C. 凹模形状、尺寸一致性好
D. 强度好　E. 适于小型且形状简单的塑件

35. 局部镶嵌式凹模的特点是（　　）。
A. 强度好　B. 结构简单　C. 便于更换磨损部位
D. 降低模具维修费用　E. 增加模具维修费用

36. 拼块式组合凹模的特点是（　　）。
A. 降低复杂凹模的加工难度　B. 减少热处理变形　C. 便于模具维修
D. 提高塑件质量　E. 模具精度好

37. 组合式型芯的优点是（　　）。
A. 降低复杂型芯的加工难度　B. 降低模具成本　C. 提高模具精度
D. 提高塑件质量　E. 便于模具维修

38. 解决成型直径小且深度较大的孔的方法有（　　）。
A. 使用阶梯成型杆　B. 使用成型杆支柱加强
C. 单独使用成型杆成型　D. 成型后机械加工
E. 型芯直接成型

39. 以下哪种方法属于模具电阻加热方式：（　　）。
A. 电阻丝直接设在模具内
B. 工频感应加热法
C. 电阻丝制成的电热圈
D. 电阻丝组成的加热元件镶嵌在模具加热板内

E. 介质加热法

40. 冷却水道的截面主要有（ ）。

A. 梯形 B. 圆形 C. 椭圆形 D. 矩形 E. 三角形

设计初步

一、判断题（将判断结果填入括号中。正确的填"√"，错误的填"×"）

1. 确定注塑模具型腔数目需考虑塑料制品精度、经济性、成型工艺、保养和维修等因素。（ ）

2. 塑料制品尺寸精度是指所获得的塑料制品与塑料制品图中尺寸的符合程度。（ ）

3. 模具设计时以收缩率为设计参数来计算型腔及型芯尺寸。（ ）

4. 平均值法是先用成型收缩率的最大值（或最小值）以及制品尺寸的公差对成型零件工作尺寸的最小值（或最大值）进行估算，然后根据预订的制造偏差和磨损量来验算制品可能出现的最大尺寸（或最小尺寸）是否在制品的公差范围内的方法。（ ）

5. 成型零件的尺寸和制造误差通常依据塑件的尺寸和精度要求以及塑料收缩率等因素来确定。（ ）

6. 当制品尺寸很大且精度要求不高时，影响制品尺寸误差的主要因素是成型收缩率的波动，制造偏差和磨损量可忽略不计。（ ）

7. 计算型腔深度和型芯高度的基准平面与脱模方向垂直，计算这两种工作尺寸时，必须考虑磨损引起的尺寸误差。（ ）

8. 注塑机的最大注射量是指注射螺杆（或柱塞）作一次最大注射行程（S）时，注射系统所能达到的最大注射量。（ ）

9. 为了确保塑件质量，注塑模具一次成型的塑料质量应在最大注塑量的35%～75%范围内。（ ）

10. 为了克服熔料流经喷嘴、浇道和型腔时的流动阻力，螺杆（或柱塞）对熔料施加的压力称为注射压力。（ ）

11. 所选用注塑机的注射压力应小于成型塑件所需的注射压力。（ ）

12. 锁模力是指注塑机的合模机构对模具所能施加的最小夹紧力。 （　　）

13. 主流道的始端直径应大于注塑机喷嘴孔直径。 （　　）

14. 注塑模具端面凸台径向尺寸须与定位孔成过盈配合，便于模具安装。 （　　）

15. 注塑模具的长宽方向要与注塑机拉杆间距相适应，模具至少有一个方向的尺寸能穿过拉杆间的空间。 （　　）

16. 模具上的螺纹过孔的间距和尺寸必须与螺纹安装孔相协调。 （　　）

17. 所设计的模具厚度须在注塑机允许的模具厚度范围之内。 （　　）

18. 凡锁模机构是液压式和机械式联合作用的注塑机，开模行程与模具安装高度相关。 （　　）

19. 模具的脱模机构要与所选择的注塑机推出形式相匹配。 （　　）

20. 锁模机构的作用是使固态塑料均匀地塑化成熔融状态，并以足够的压力和速度将塑料熔体注入闭合的型腔中。 （　　）

21. 塑化能力是指注塑机料筒在 1 h 内能够塑化物料的重量。 （　　）

22. 如果塑料流动性好，塑件形状简单、壁厚，所需注射压力一般选 140～180 MPa。（　　）

23. 分型面必须在一个平面内。 （　　）

24. 分型面的选择受到多种因素的影响，必须反复比较与分析，选取一个较为合理的方案。 （　　）

25. 在开模时塑件应尽可能留于上模或定模内。 （　　）

26. 浇注系统在设计时应尽可能使熔融塑料以高的表观黏度和快的速度充满整个型腔。 （　　）

27. 连接主流道和浇口的熔体通道叫分流道，分流道起分流和转向的作用。 （　　）

28. 浇口位置应有利于模具排气。 （　　）

29. 冷却系统的设计原则是快速冷却、均匀冷却、加工简单，并尽量保证模具的热平衡，使制品收缩均匀。 （　　）

30. 根据制件的形状及所需冷却的温度，冷却通道可分为直通式、圆周式、多级式、螺旋线式、喷射式、隔板式等。 （　　）

31. 冷却水路有串联和并联两种，并联是冷却水路常用的方式。 （　　）

32. 简单推出机构又称为一次推出机构，是指构件在推出机构的作用下，只做一次动作就可以被推出的机构。（　　）

33. 在推出阻力大的部位，若条件许可，应尽量减小推杆直径。（　　）

34. 当推杆较细或推杆数量较多时，常在推出机构中设置导向零件。（　　）

35. 推管的内径与型芯配合，外径与模板配合，其配合一般均为过盈配合。（　　）

36. 为了尽量减少推出过程中推件板和型芯的摩擦，在推件板与型芯之间应留有0.2～0.3 mm的间隙。（　　）

37. 推管的内径与型芯配合，外径与模板配合，其配合一般均为过渡配合。（　　）

二、单项选择题（选择一个正确的答案，将相应的字母填入题内的括号中）

1. 确定注塑模具型腔数目需考虑制品精度、经济性、（　　）、保养和维修等因素。

A. 成型工艺　B. 设计方法　C. 质量　D. 材料

2. 下列关于确定注塑模具型腔数目的说法中错误的是（　　）。

A. 型腔数可按注塑机注射压力计算　B. 由交货期计算型腔数

C. 按注塑机的最大注射量计算型腔数　D. 根据塑化能力计算型腔数

3. 一般结晶型和半结晶型塑料的收缩率比无定形塑料的（　　）。

A. 大　B. 范围窄　C. 波动性小　D. 小

4. 注塑模具中设置多个模腔时一般比一个模腔时（　　）。

A. 尺寸范围小　B. 尺寸波动小　C. 成型速度快　D. 尺寸波动大

5. 计算收缩率等于模具和塑件在室温下单向尺寸的差除以（　　）的单向尺寸。

A. 模具在室温下　B. 模具在成型温度时

C. 塑件在室温下　D. 塑件在成型温度时

6. 成型零件工作尺寸计算方法有（　　）和公差带法。

A. 平均值法　B. 插值法　C. 迭代法　D. 均方根法

7. 成型零件的尺寸确定与（　　）无关。

A. 采用的塑料　B. 塑件精度要求

C. 成型零件的磨损　D. 塑件粗糙度

8. 对于精度要求高的塑件尺寸，成型零件相应尺寸取到小数点后（　　）。

A. 一位　　B. 二位　　C. 三位　　D. 四位

9. 当制品尺寸很大且精度要求不高时，影响制品尺寸误差的主要因素是成型收缩率的波动，制造偏差和（　　）可忽略不计。

A. 磨损量　　B. 径向名义尺寸　　C. 修正系数　　D. 制品公差

10. 关于用平均值法计算型腔深度，计算公式正确的是（　　）。

A. $H_m=[(1-S_{cp})h_s+x\Delta]^{+\Delta_m}_{0}$　　B. $H_m=[(1-S_{cp})h_s-x\Delta]^{+\Delta_m}_{0}$

C. $H_m=[(1+S_{cp})h_s+x\Delta]^{+\Delta_m}_{0}$　　D. $H_m=[(1+S_{cp})h_s-x\Delta]^{+\Delta_m}_{0}$

11. 关于用平均值法计算型芯深度，计算公式正确的是（　　）。

A. $h_m=[(1+S_{cp})h+x\Delta]^{0}_{-\Delta_m}$　　B. $h_m=[(1-S_{cp})h_s-x\Delta]^{+\Delta_m}_{0}$

C. $H_m=[(1+S_{cp})h_s+x\Delta]^{0}_{-\Delta_m}$　　D. $H_m=[(1+S_{cp})h_s-x\Delta]^{+\Delta_m}_{0}$

12. 关于用平均值法计算成型孔中心距，计算公式正确的是（　　）。

A. $H_m=[(1-S_{cp})h_s+x\Delta]^{+\Delta_m}_{0}$　　B. $H_m=[(1-S_{cp})h_s-x\Delta]^{+\Delta_m}_{0}$

C. $H_m=[(1+S_{cp})L]\pm\frac{\Delta_m}{2}$　　D. $H_m=[(1-S_{cp})L]\pm\frac{\Delta_m}{2}$

13. 注塑机实际注射量和理论注射量的比值为（　　）。

A. 最大注射量　　B. 最小注射量　　C. 实际注射行程　　D. 模出函数

14. 为了确保塑件质量，注塑模具一次成型的塑料质量最大不应大于最大注塑量的（　　）。

A. 5％　　B. 80％　　C. 50％　　D. 10％

15. 为了克服熔料流经喷嘴、浇道和型腔时的流动阻力，螺杆（或柱塞）对熔料施加的压力称为（　　）。

A. 油压压力　　B. 成型压力　　C. 喷射压力　　D. 注射压力

16. 当直射压缸活塞施加给螺杆的最大推力一定时，注射压力由（　　）决定。

A. 所用螺杆直径　　B. 油缸内径　　C. 模具的温度　　C. 塑料的性能

17. 如果塑料流动性好，塑件形状简单、壁厚，所需注射压力一般选（　　）MPa。

A. 0～70　　B. 70～100　　C. 100～140　　D. 140～180

18. 制件黏度越高，制件精度越高，则注塑机的平均模腔压力越（　　）。

A. 小　　B. 大　　C. 均匀　　D. 不均匀

19. 注塑机的合模机构对模具所能施加的最大夹紧力称为（　　）。

A. 锁模力　B. 成型压力　C. 喷射压力　D. 注射压力

20. 主流道的始端直径应大于（　　）。

A. 注塑机喷嘴直径　B. 螺杆直径　C. 油缸内径　D. 柱塞直径

21. 注塑模具端面凸台径向尺寸须与定位孔成（　　），便于模具安装。

A. 过盈配合　B. 间隙配合　C. 过渡配合　D. 过紧配合

22. 模具端面凸台高度应（　　）定位孔深度。

A. 等于　B. 大于　C. 小于　D. 不小于

23. 注塑模具的长宽方向要与注塑机拉杆间距相适应，模具至少有一个方向的尺寸（　　）拉杆间的空间。

A. 等于　B. 大于　C. 小于　D. 不小于

24. 设计模具时，模具上的螺纹过孔间距和尺寸必须与（　　）相协调。

A. 螺纹安装孔　B. 定位孔　C. 端面凸台直径　D. 端面凸台高度

25. 所设计的模具厚度须在（　　）允许的模具厚度范围之内。

A. 注塑机　B. 定位孔　C. 拉杆间距　D. 端面凸台

26. 开模行程与模具安装高度无关的注塑机类型为（　　）。

A. 机械式和液压式联合作用的注塑机　B. 全液压式

C. 全机械式　D. 气动式

27. 全液压式或（　　）的注塑机，开模行程与模具安装高度有关。

A. 机械式和液压式联合作用　B. 全机械式

C. 机械式和气动式联合作用　D. 气动式

28. 模具的脱模机构要与所选择的注塑机（　　）相匹配。

A. 顶出距离　B. 顶杆位置　C. 顶杆直径　D. 推出形式

29. 注塑机的基本结构包括：注射机构、（　　）、液压传动和电器控制系统。

A. 定模板　B. 锁模机构　C. 动模板　D. 拉杆

30. XS-ZY-125 注塑机中“X”是指（　　）。

A. 成型　B. 塑料　C. 注射　D. 螺杆式注塑机

31. 型腔压力 Pc 根据经验常取（　　）MPa。

A. 5～10　　B. 10～15　　C. 15～30　　D. 20～40

32. 对于 PMMA，PPO 等塑料，塑件壁薄、尺寸大或壁厚不均匀时，尺寸精度要求严格，所需注射压力选（　　）MPa。

A. 0～70　　B. 70～100　　C. 100～140　　D. 140～180

33. 模具上用以取出塑件和浇注系统凝料的可分离的接触表面通称为（　　）。

A. 切割面　　B. 成型面　　C. 分型面　　D. 分离面

34. 分型面的形状有平面、斜面、（　　）和曲面。

A. 脱模面　　B. 浇注面　　C. 分离面　　D. 阶梯面

35. 以下不属于影响分型面选择的因素的是（　　）。

A. 塑件的形状、壁厚、尺寸精度　　B. 嵌件的位置及其形状

C. 塑件材料　　D. 塑件在模具内的成型位置

36. 为便于塑件脱模，在选择分型面时应考虑（　　）。

A. 开模时塑件应尽可能留于下模内　　B. 开模时塑件应尽可能留于上模内

C. 开模时塑件应尽可能留于定模内　　D. 开模时塑件应尽可能留于凸模内

37. 以下影响分型面选择的基本原则中错误的是（　　）。

A. 便于塑件脱模　　B. 考虑塑件的外观

C. 开模时塑件应尽可能留于定模内　　D. 保证塑件尺寸的要求

38. 普通浇注系统由主流道、分流道、（　　）和冷料穴组成。

A. 导柱　　B. 推板　　C. 推杆　　D. 浇口

39. 在充模时应使熔融塑料以（　　）和较快的速度充满整个型腔。

A. 较低的表观黏度　　B. 较高的温度

C. 较小的压力　　D. 较大的剪切速率

40. 主流道的截面形状通常采用（　　）最小的圆形截面。

A. 表面积　　B. 体积　　C. 比表面积　　D. 比体积

41. 为了脱模，主流道在设计上大多采用（　　）。

A. 圆柱形　　B. 扇形　　C. 圆形　　D. 圆锥形

42. 当分流道较长时，其末端应设置（　　），以防止冷料头堵塞浇口或进入型腔而影

响塑件的质量。

A. 导柱　　B. 推板　　C. 冷料穴　　D. 拉料杆

43. 一套模具中如果使用多个钩形拉料杆，拉料杆的钩形方向要（　　）。

A. 对称　　B. 一致　　C. 头对头　　D. 背对背

44. 侧浇口浇注系统模具如果有推板时，则分流道必须做于（　　），拉料杆固定在动模板和定模板内的镶件上。

A. 凸模　　B. 定模　　C. 动模　　D. 凹模

45. 浇口应尽量选择在（　　），以便于清除及模具加工。

A. 模具型腔及型芯内　　B. 分型面处

C. 模具周围　　D. 模具型腔及型芯周围

46. 冷却系统的设计原则是快速冷却和（　　）。

A. 对称分布　　B. 平衡分布　　C. 慢速冷却　　D. 匀速冷却

47. 通过在模具上直接打孔，并通以冷却水而进行冷却的形式是（　　）。

A. 传热棒（片）　　B. 水井冷却　　C. 冷却水管冷却　　D. 喷流式冷却通道

48. 注塑模具冷却最常用的途径是（　　）。

A. 传热棒（片）　　B. 水井　　C. 喷流式冷却通道　　D. 冷却水管

49. 冷却介质总是沿阻力最小的方向流动，因此冷却水路通常（　　）布置。

A. 串联　　B. 并联　　C. 对称　　D. 平衡

50. 若因模具排位的要求，冷却水路必须并联时，则进、出水的主流道的横截面面积要（　　）并联支流道的横截面面积的总和。

A. 等于　　B. 小于　　C. 大于　　D. 小于等于

51. 冷却水孔的直径大小一般在（　　）mm。

A. 1～4　　B. 3～8　　C. 5～13　　D. 10～50

52. 模宽越大，所需设计的冷却水管（　　）。

A. 直径越小　　B. 直径越大

C. 孔数越少　　D. 孔数不受模宽的影响

53. 由于塑件收缩时包紧型芯，因此脱模力作用位置尽可能（　　）型芯。

A. 远离　　B. 靠近　　C. 高于　　D. 低于

54. 设计推出机构时，尽量使塑件留在（　　）一边。

A. 动模　　B. 定模　　C. 凸模　　D. 凹模

55. 对于中心带孔的圆筒形或局部是圆筒形的塑件，可采用（　　）。

A. 推件板推出机构　　B. 推块推出机构

C. 推管推出机构　　D. 推杆推出机构

56. 对于一些深腔薄壁的容器、罩子、壳体型塑件以及不允许有推杆痕迹的塑件一般都可采用（　　）。

A. 推管推出机构　　B. 推件板推出机构

C. 推块推出机构　　D. 联合推出机构

57. 推出斜度越小的制品，则推出阻力越（　　）。

A. 大　　B. 小　　C. 难计算　　D. 易计算

58. 制品收缩率越大，弹性模量越大，则脱模力越（　　）。

A. 大　　B. 小　　C. 难计算　　D. 易计算

59. 应用最广的推杆截面形状是（　　）。

A. 弧形　　B. 圆形　　C. 方形　　D. 矩形

60. 应用最广的推杆截面形状是（　　）。

A. 弧形　　B. 锥形　　C. 方形　　D. 圆形

61. 推杆的工作长度等于推杆与模板配合段长度（　　）推杆行程与 3 mm 的和。

A. 加　　B. 减　　C. 乘　　D. 除

62. 推杆的工作长度等于推杆与模板配合段长度与推杆行程的和（　　）3 mm。

A. 加　　B. 减　　C. 乘　　D. 除

63. 推杆在完成推出塑件动作之后，要求返回初始位置，以待下次工作，此时需要（　　）使推杆复位。

A. 导向零件　　B. 复位杆　　C. 浇口　　D. 冷却水道

64. 当推杆较细或推杆数量较多时，常在推出机构中设置（　　）。

A. 导向零件　　B. 复位杆　　C. 浇口　　D. 冷却水道

65. 推管的内径与型芯配合，外径与模板配合，其配合一般均为（　　）。

A. 过盈配合　　B. 间隙配合　　C. 过渡配合　　D. 过紧配合

66. 推管的内径与（　　）配合，外径与模板配合，其配合一般均为间隙配合。

A. 型芯　　B. 型腔　　C. 推杆　　D. 垫块

67. 为了尽量减少推出过程中推件板和型芯的摩擦，在推件板与型芯之间应留有（　　）mm 的间隙。

A. 0.1～0.2　　B. 0.2～0.3　　C. 0.3～0.5　　D. 0.5～1

68. 推板与型芯配合面用（　　）配合。

A. 过盈　　B. 过渡　　C. 平面　　D. 锥面

三、多项选择题（选择一个以上正确的答案，将相应的字母填入题内的括号中）

1. 确定注塑模具型腔数目需考虑以下因素：（　　）。

A. 制品精度　　B. 经济性　　C. 成型工艺　　D. 保养　　E. 维修

2. 影响塑料制品精度的因素有（　　）。

A. 模具的制造精度及磨损程度　　B. 塑料收缩率的波动　　C. 成型工艺参数

D. 模具的结构　　E. 塑料制品的结构形状

3. 影响收缩率变化的因素有（　　）。

A. 塑料品种　　B. 塑料制品的结构　　C. 成型工艺参数

D. 模具的结构　　E. 成型工艺类型

4. 成型零件工作尺寸计算方法有（　　）。

A. 平均值法　　B. 插值法　　C. 公差带法　　D. 均方根法　　E. 乘积法

5. 成型零件的尺寸确定与（　　）有关。

A. 采用的塑料　　B. 塑件精度要求　　C. 成型零件的磨损

D. 塑件粗糙度　　E. 塑件的尺寸

6. 与型腔深度名义尺寸有关的参数有（　　）。

A. 所用塑料的平均收缩率　　B. 制品高度名义尺寸　　C. 修正系数

D. 制品公差　　E. 模具制造公差

7. 注塑机的最大注射量是指（　　）作一次最大注射行程（S）时，注射系统所能达到的最大注射量。

A. 注射螺杆　　B. 拉杆　　C. 柱塞　　D. 喷嘴　　E. 导块

8. 与成型所需的注射压力相关的因素有（　　）。

A. 流动阻力　　B. 制件的形状　　C. 塑料的性能

D. 注塑机类型　　E. 喷嘴及模具流道的阻力

9. 注塑机锁模力由以下参数决定：（　　）。

A. 注射压力　　B. 塑料黏度　　C. 制件在模具分型面上的投影面积

D. 压力损失的折算系数　　E. 模具温度

10. 锁模力校核计算型腔压力时须考虑压力损耗系数，影响压力损耗系数的因素有（　　）等。

A. 塑料品种　　B. 浇注系统结构及尺寸　　C. 塑件形状

D. 成型工艺条件　　E. 塑件复杂程度

11. 关于喷嘴尺寸校核，下列说法中正确的有（　　）。

A. 主流道的始端直径应大于注塑机喷嘴直径

B. 注塑模具浇口套始端凹坑的球面半径应大于注塑机喷嘴球头半径

C. 主流道的始端直径应小于注塑机喷嘴直径

D. 注塑模具浇口套始端凹坑的球面半径应小于注塑机喷嘴球头半径

E. 主流道的始端直径应大于注塑机喷嘴球头半径

12. 关于模具安装螺孔尺寸校核，下列说法中正确的是（　　）。

A. 模具上的螺纹过孔的间距必须与螺纹安装孔相协调

B. 模具上的螺纹过孔的间距必须与安装孔过盈配合

C. 模具上的螺纹过孔的尺寸必须与螺纹安装孔相协调

D. 模具上的螺纹过孔的间距必须与安装孔间隙配合

E. 注塑模具端面凸台径向尺寸须与定位孔成间隙配合

13. 所设计的模具厚度应在（　　）的范围之间。

A. 最小喷嘴尺寸　　B. 最大喷嘴尺寸

C. 注塑机允许安装的最小模具厚度　　D. 注塑机允许安装的最大模具厚度

E. 最大注射压力

14. 按注塑机类型不同，对开模行程的校核可分为以下两种情况：(　　)。

A. 开模行程与模具安装高度无关　B. 开模行程与模具安装高度有关

C. 机械式和液压式联合作用的注塑机　D. 全液压式

E. 全机械式

15. 锁模机构的作用有（　　）。

A. 锁紧模具　B. 使塑料均匀地塑化

C. 实现模具的开闭动作　D. 以足够的压力和速度将塑料熔体注入型腔

E. 开模时顶出模内制品

16. 关于注塑机 XS-ZY-125，下列描述正确的有（　　）。

A. X 指成型　B. S 指塑料　C. Z 指注射

D. Y 指螺杆式注塑机　E. 额定注射量为 125 cm^3

17. 注塑机的技术参数有（　　）。

A. 最大注射量　B. 塑化能力　C. 注射压力　D. 注射速度　E. 锁模力

18. 注塑机注射速度的选择取决于（　　）。

A. 塑料的黏度及流动性　B. 成型温度范围　C. 冷却速度

D. 模具的浇口尺寸　E. 成型制品的壁厚

19. 以下表述中正确的是（　　）。

A. 分型面必须垂直于合模方向

B. 模具上用以取出塑件和浇注系统凝料的可分离的接触表面通称为分型面

C. 分型面必须平行于合模方向

D. 一副模具可有多个分型面

E. 合模方向是定模和动模闭合的方向

20. 分型面的形状有（　　）。

A. 脱模面　B. 平面　C. 斜面　D. 曲面　E. 阶梯面

21. 影响分型面选择的因素是（　　）。

A. 塑件的形状、壁厚、尺寸精度　B. 嵌件的位置及其形状

C. 脱模方法

D. 塑件在模具内的成型位置

E. 模具排气

22. 为便于塑件脱模，在选择分型面时应考虑（　　）。

A. 开模时塑件应尽可能留于下模内

B. 应有利于侧面分型和抽芯

C. 应合理安排塑件在型腔中的方位

D. 开模时塑件应尽可能留于定模内

E. 浇口位置和形式的设计

23. 以下关于浇注系统设计原则的说法中正确的是（　　）。

A. 浇注系统应避免填充过程中不产生稳流或涡流

B. 浇注系统应尽量减少塑料熔体的热量和压力损失

C. 浇注系统应尽量避免熔融塑料直冲细小型芯或嵌件

D. 在满足基本原则的前提下，浇注系统的容积应尽量大，以防止塑件的翘曲变形

E. 浇注系统应有利于腔内气体的排出

24. 分流道的设计要点有（　　）。

A. 尽量减少熔体的能量损失

B. 分流道末端应设计冷料穴

C. 分流道应尽量采用平衡布置

D. 薄片制品避免熔体直冲型腔

E. 合理的表面粗糙度

25. 以下关于浇口设计要点的说法中正确的有（　　）。

A. 浇口位置尽量选择在分型面上

B. 浇口位置距型腔各部位距离尽量相等

C. 在满足注塑要求的情况下，浇口的数量越少越好

D. 浇口数量取决于熔体流程 L 与制品胶位置厚度 T 比值，任何时候一个进料点的 L/T 不得大于 50

E. 一般浇口的截面积为分流道截面积的 3%～9%

26. 冷却系统的设计原则是（　　）。

A. 快速冷却

B. 对称分布

C. 均匀冷却

D. 平衡分布

E. 慢速冷却

27. 冷却通道的形式有（　　）。

A. 冷却水管冷却　B. 水井冷却　C. 爆花片螺旋式冷却
D. 喷流式冷却通道　E. 传热棒（片）

28. 计算冷却水管直径常用的方法有（　　）。
A. 根据模具大小确定　B. 根据所用注塑机的锁模力确定
C. 根据制品壁厚确定　D. 根据注塑机的压力确定
E. 根据模具型腔数量确定

29. 推出机构的设计原则有（　　）。
A. 结构可靠　B. 保证塑件不变形和不损坏
C. 保证塑件外观良好　D. 尽量使塑件留在动模一边
E. 尽量使塑件留在定模一边

30. 简单推出机构的结构形式有（　　）。
A. 推杆推出机构　B. 推管推出机构　C. 推件板推出机构
D. 推块推出机构　E. 联合推出机构

31. 在脱模力计算中涉及的参数有（　　）。
A. 摩擦系数　B. 塑件对型芯产生的单位正压力
C. 脱模斜率　D. 塑件包紧型芯的侧面积
E. 不带通孔的壳体类制品还要考虑大气阻力

32. 注塑模具推杆的形状有（　　）。
A. 圆推杆　B. 扁推杆　C. 三角形推杆
D. 弧形推杆　E. 半圆形推杆

33. 推杆的工作长度等于（　　）的和。
A. 塑件长度　B. 推杆与模板配合段长度　C. 推杆行程
D. 5 mm　E. 3 mm

34. 推出机构的导向零件一般包括（　　）。
A. 导柱　B. 弹簧　C. 复位杆　D. 推杆　E. 导套

35. 以下关于推管设计的说法中正确的是（　　）。
A. 推管推出时，推杆板应加导柱，以减少推管和镶件及推管型芯的摩擦

B. 推管和内模镶件的配合长度约等于推管直径的 2.5～3 倍

C. 对于流动性好的塑料，易出飞边，其模具尽量避免用推管

D. 推管硬度为 50～55 HRC

E. 推管外侧不做倒角

36. 以下关于推板设计的说法中正确的是（　　）。

A. 推板与型芯配合面用锥面配合

B. 为提高模具寿命，型芯应淡化或淬火处理

C. 对于流动性好的塑料，易出飞边，其模具尽量避免用推板

D. 推板推出时必须有导柱导向

E. 推板材料应和内模镶件材料相同，当塑料为热敏性的塑料时，尤其要注意

37. 以下关于推块设计的说法中正确的是（　　）。

A. 推块周围必须做 3°～5°斜度

B. 推块用 H13 材料，淬火至 52～54 HRC

C. 推块离型腔内侧必须有 0.1～0.3 mm 以上距离，避免摩擦

D. 推块底部推杆必须防转，以保证推块复位可靠

E. 推块与推杆采用螺纹连接，也可采用圆柱紧配合另加横向固定销连接

注塑模具零部件设计

一、判断题（将判断结果填入括号中。正确的填“√”，错误的填“×”）

1. 推杆属于注塑模具标准件。（　　）

2. 导向机构主要起导向、定位和承受一定侧压力的作用。（　　）

3. 一般情况下，尺寸较大的注塑模具采用 4 根导柱。（　　）

4. 一般情况下，导柱的位置应避开型腔地板在工作时应力最大的部位。（　　）

5. 导套的硬度一般低于导柱的硬度。（　　）

6. 推板导柱和推板导套常用于推出机构导向的零件。（　　）

7. 动模座板和定模座板应有一定的厚度，来保证其有足够的强度。（　　）

8. 型腔壁厚的确定与型腔内熔体压力无关。（　）

9. 支撑板厚度的确定与熔体压力无关。（　）

10. 垫块的高度与推出机构的推出行程无关。（　）

11. 选用螺钉时，一般选用标准件。（　）

12. AutoCAD 软件是专门用来制作三维零件的软件。（　）

13. 注塑模具材料对热性能无任何要求。（　）

14. 在选择注塑模具材料时，应考虑模具各零件的功用等进行选择。（　）

15. 设计注塑模具非标零件时，一般只需满足强度方面的要求。（　）

16. 模具零件图的视图选择包括主视图的选择、视图数量的选择和视图表示方法的选择。（　）

17. 尺寸标注可以不考虑测量和检验要求。（　）

18. 制造比较复杂的型腔和型芯，可以选用合金钢。（　）

19. 模具强度对注塑零件无影响。（　）

20. 模具型腔刚度不够时，容易出现飞边过大的情况。（　）

21. 型腔强度计算的依据是保证型腔材料不发生破坏。（　）

22. 型芯强度计算的依据是保证型芯材料不发生破坏。（　）

23. 注塑模具型腔刚度与型腔壁厚无关。（　）

24. 注塑模具型芯刚度与型芯材料无关。（　）

25. 注塑模具型芯强度与锁模力有关。（　）

26. 在模具制造中，车削加工是加工回转体类零件的主要工序。（　）

27. 精车的尺寸精度可达 IT6～IT7。（　）

28. 在铣床上不可以加工非成形表面。（　）

29. 半精铣加工的工件表面粗糙度 Ra 可达 6.3～3.2 μm。（　）

30. 精刨的尺寸精度可达 IT6～IT7。（　）

31. 曲轴磨床属于工具磨床。（　）

32. 用砂轮的圆周面对工件进行磨削，这种磨削方式称为周磨。（　）

33. 外圆磨削的尺寸精度可达 IT5～IT6。（　）

34. 磨削后工件表层的残余应力是由相变应力、热应力和塑变应力合成的。（　　）

35. 坐标镗床主要用来加工精度要求较高的平面。（　　）

36. 坐标磨床的基本磨削方法是行星磨削。（　　）

37. 坐标磨床具有连续轨迹控制功能，其型面加工精度可达 3～5 μm。（　　）

38. 平面磨削工艺方法有圆周磨、端面磨和导轨磨等。（　　）

39. 钻孔精度可达 IT11～IT13 级。（　　）

40. 当孔径大于 ϕ100 mm 时，宜采用镗孔。（　　）

41. 镗削加工精度一般可达 IT5～IT10。（　　）

42. 模具制造中常需要铰孔的有销钉孔、安装圆形型芯或顶杆等的孔。（　　）

43. 扩孔主要用于提高钻孔、铸造与锻造孔的孔径精度。（　　）

44. 扩孔加工的精度一般可达 IT1～IT3。（　　）

45. 导柱外圆研磨可降低表面粗糙度值，减少其摩擦系数，提高其配合精度。（　　）

46. 电火花加工常用电极材料有铜和石墨。（　　）

47. 确定电极水平尺寸时应考虑放电间隙和平动量。（　　）

48. 电火花加工前工件型孔部分要加工预孔，并留适当的电火花加工余量。（　　）

49. 粗加工时应优先考虑采用较宽的脉冲宽度。（　　）

50. 电火花线切割加工中，走丝速度、电极丝张力大小、进给速度的调节等都会影响加工精度。（　　）

51. 穿丝孔的作用为加工凹模时作穿丝用，减少凸模加工中的变形量以及用作电极丝自动找正。（　　）

二、单项选择题（选择一个正确的答案，将相应的字母填入题内的括号中）

1. （　　）不属于注塑模具标准件。

A. 推杆　　B. 直导套　　C. 带头导柱　　D. 型腔固定板

2. （　　）不属于导向零件的作用。

A. 导向　　B. 定位

C. 施加锁模力　　D. 承受一定的侧向压力

3. 对于一般模具，通常采用（　　）导向。

A. 推板　　B. 导柱　　C. 顶杆　　D. 斜销

4. 对于大型、精度要求高且型腔深的塑件，模塑过程中会产生较大的侧推力，这种情况常采用（　　）导向。

A. 导柱　　B. 锥面　　C. 导柱和锥面　　D. 推板

5. 一般情况下，小型注塑模具可以采用（　　）根导柱。

A. 1　　B. 2　　C. 5　　D. 8

6. 一般情况下，导柱布置在（　　）。

A. 模板边缘

B. 模具工作时应力最大的部位

C. 距离模板边缘有足够距离处，以保证模具强度和导向刚度

D. 模板四分之一处

7. 导向零件设计时应考虑（　　）。

A. 型芯的结构　　B. 加工的工艺性　　C. 型腔的结构　　D. 加工机床

8. 导向零件对材料的要求是（　　）。

A. 具有足够的韧性　　B. 硬且耐磨

C. 中心具有足够的韧性，表面硬且耐磨　　D. 中心硬，表面具有足够的韧性

9. 对于简单模具的小批量生产，常用的导柱形式为（　　）。

A. 带肩导柱和带头导柱　　B. 推板导柱

C. 带肩导柱　　D. 带头导柱

10. 对于大型或精度要求高、生产批量大的模具，常用的导柱形式为（　　）。

A. 带肩导柱和带头导柱　　B. 推板导柱

C. 带肩导柱　　D. 带头导柱

11. 对于小型简单模具，常用的导套形式为（　　）。

A. 滚珠导套　　B. 带头导套　　C. 带头导套和直导套　　D. 直导套

12. （　　）的轮廓尺寸和固定孔与成型设备上模具的安装板要相适应。

A. 定模座板　　B. 动模座板

C. 动模座板或定模座板　　D. 动模座板和定模座板

13. 动模座板的（　　）与成型设备上模具的安装板要相适应。

A. 轮廓尺寸　　B. 固定孔

C. 轮廓尺寸或固定孔　　D. 轮廓尺寸和固定孔

14. 型腔壁厚的确定与（　　）没关系。

A. 熔体压力　　B. 型腔侧壁长度

C. 模具材料的弹性模量　　D. 模具材料的抗拉强度

15. 固定板在设计时，应该考虑固定板的（　　）要满足要求。

A. 厚度　　B. 强度　　C. 刚度　　D. 强度和厚度

16. 为了保证型芯、型腔与固定板的固定稳定程度，固定板在（　　）上有一定的要求。

A. 厚度　　B. 强度　　C. 刚度　　D. 强度和厚度

17. 支撑板厚度的确定与（　　）有关系。

A. 熔体压力　　B. 型芯尺寸

C. 支撑板材料的抗拉强度　　D. 固定板厚度

18. 垫块的高度与推出机构的推出行程之间的关系是（　　）。

A. 没关系　　B. 垫块高度小于推出行程

C. 垫块高度超出推出行程 10～15 mm　　D. 垫块高度超出推出行程 2 mm

19. 垫块的高度与（　　）有关。

A. 固定板厚度　　B. 型腔尺寸　　C. 模具闭合高度　　D. 熔体压力

20. 选用螺钉时，不需要考虑的因素有（　　）。

A. 螺钉材料　　B. 螺钉连接刚度　　C. 螺钉数量　　D. 标准化

21. 选用销钉时，不需要考虑的因素有（　　）。

A. 销钉材料　　B. 销钉连接刚度　　C. 销钉数量　　D. 标准化

22. 可以用来制作三维零件的软件有（　　）。

A. AutoCAD　　B. UG NX　　C. CAXA　　D. CCAD

23. 不是专门用来制作三维零件的软件有（　　）。

A. AutoCAD　　B. Pro/E　　C. UG NX　　D. CATIA

24. 注塑模具材料应具有良好的力学性能、优异的（　　）及适宜的加工性能。

A. 热传导性　　B. 热性能　　C. 磁性　　D. 塑性

25. 注塑模具材料应具有良好的（　　）、优异的热性能及适宜的加工性能。

A. 热传导性　　B. 力学性能　　C. 磁性　　D. 塑性

26. 选择注塑模具材料时，以下说法中错误的是（　　）。

A. 根据注塑设备选择　　B. 根据塑料特性进行选择

C. 根据模具生产批量选择　　D. 根据模具复杂程度选择

27. 注塑模具非标零件设计的原则是（　　）。

A. 满足塑件质量要求

B. 加工成本越低越好

C. 在满足塑件质量要求的情况下，尽量降低加工成本

D. 塑件质量越高越好

28. 在设计注塑模具非标零件时，不考虑的因素为（　　）。

A. 对塑件质量的影响　　B. 零件可加工性

C. 零件加工成本　　D. 零件的重量

29. 设计注塑模具非标零件时，一般要满足（　　）的要求。

A. 强度　　B. 刚度　　C. 强度和刚度　　D. 冲击韧度

30. 对于成型零件的设计，除了要满足强度和刚度方面的要求外，还应该满足（　　）的要求。

A. 精度　　B. 表面粗糙度　　C. 精度和表面粗糙度　　D. 冲击韧度

31. 模具零件图的视图选择不包括（　　）。

A. 主视图的选择　　B. 视图数量的选择

C. 视图表示方法的选择　　D. 技术要求

32. 模具零件图的视图选择包括主视图的选择、视图数量的选择和（　　）。

A. 行为公差标注　　B. 技术要求

C. 尺寸标注　　D. 视图表示方法的选择

33. 以下说法中错误的是（　　）。

A. 尺寸标注可以不考虑测量要求　　B. 尺寸标注应考虑制造要求
C. 尺寸标注应满足设计要求　　D. 尺寸标注应符合国家标准

34. 注塑模具工作零件材料一般选用（　　）。
A. 铝合金　　B. 钛合金　　C. 合金钢　　D. 镁合金

35. 对于简单、小批量生产的模具，工作零件材料一般选用（　　）。
A. 碳素钢　　B. 合金钢　　C. 铝合金　　D. 钛合金

36. 在注塑过程中，若塑料熔体的压力致使型腔产生的内应力超出了材料的许用应力，型腔会发生（　　）。
A. 变形　　B. 缩小　　C. 扩大　　D. 强度破坏

37. 模具型腔刚度不够时，塑件容易出现（　　）的情况。
A. 气孔　　B. 缺料　　C. 飞边过大　　D. 表面质量差

38. 模具型腔刚度不够时，塑件容易出现（　　）的情况。
A. 气孔　　B. 脱模难　　C. 缺料　　D. 表面质量差

39. 型腔刚度计算的依据是保证成型过程不发生溢料、保证塑件顺利脱模和（　　）等。
A. 保证塑件的精度要求　　B. 保证塑件强度要求
C. 保证塑件填充满　　D. 保证塑件表面质量

40. 型腔强度计算的依据是（　　）。
A. 保证塑件强度要求　　B. 保证型腔材料不发生破坏
C. 保证塑件填充满　　D. 保证塑件顺利脱模

41. 计算型腔强度时，应保证型腔强度（　　）型腔材料的许用应力。
A. 等于　　B. 小于　　C. 不小于　　D. 大于

42. 注塑模具型芯刚度计算的依据是（　　）。
A. 保证不溢料　　B. 保证型腔材料不破坏
C. 保证型腔应力小于材料的许用应力　　D. 型腔不受力

43. 关于注塑模具型芯刚度的计算依据，以下说法中错误的是（　　）。
A. 保证型腔材料不破坏　　B. 保证不溢料
C. 保证塑件的精度　　D. 保证塑件顺利脱模

44. 型芯强度计算的依据是（　　）。

A. 保证塑件强度要求　　B. 保证型芯材料不发生破坏

C. 保证塑件填充满　　D. 保证塑件顺利脱模

45. 计算型芯强度时，应保证型芯强度（　　）型芯材料的许用应力。

A. 等于　　B. 小于　　C. 不小于　　D. 大于

46. 注塑模具型腔刚度与（　　）有关。

A. 型腔壁厚　　B. 熔体压力　　C. 型腔周长　　D. 型腔体积

47. 注塑模具型腔强度与（　　）无关。

A. 型腔宽度　　B. 型腔长度　　C. 型腔壁厚　　D. 型腔周长

48. 注塑模具型芯刚度与（　　）有关。

A. 熔体压力　　B. 型芯截面积　　C. 型芯周长　　D. 型芯体积

49. 注塑模具型芯强度与（　　）有关。

A. 型芯截面积　　B. 熔体压力　　C. 锁模力　　D. 型芯周长

50. 注塑模具型腔强度与（　　）有关。

A. 型芯材料　　B. 锁模力　　C. 熔体压力　　D. 型芯周长

51. 下列零件中不适于用车削加工的是（　　）。

A. 导柱　　B. 浇口套　　C. 型芯　　D. 链轮

52. 精车的表面粗糙度 Ra 可达（　　）μm。

A. 1.6～0.8　　B. 1.7～0.5　　C. 2.0～1.6　　D. 1.3～0.5

53. 在铣床上可以加工（　　）。

A. 导柱　　B. 浇口套　　C. 导套　　D. 链轮

54. 下列零件中不适于用铣削加工的是（　　）。

A. 模具型腔　　B. 浇口套　　C. 齿轮　　D. 链轮

55. 精铣的尺寸精度可达（　　）。

A. IT6～IT7　　B. IT7～IT9　　C. IT5～IT6　　D. IT4～IT5

56. 精铣的表面粗糙度 Ra 可达（　　）μm。

A. 3.2～1.6　　B. 1.6～0.5　　C. 1.5～1.2　　D. 1.8～0.5

57. 刨削可加工（　　）。

A. 螺纹　B. 平面　C. 齿轮　D. 导套

58. 精刨的尺寸精度可达（　　）。

A. IT7～IT9　B. IT5～IT6　C. IT4～IT5　D. IT3～IT4

59. 齿轮磨床属于（　　）。

A. 外圆磨床　B. 平面磨床　C. 专门化磨床　D. 工具磨床

60. 螺纹磨床属于（　　）。

A. 外圆磨床　B. 平面磨床　C. 专门化磨床　D. 内圆磨床

61. 常用的内圆表面磨削方法有（　　）。

A. 切入法内圆磨削　B. 横磨法内圆磨削

C. 直磨法内圆磨削　D. 直面磨削

62. 外圆磨削的尺寸精度可达（　　）。

A. IT7～IT9　B. IT5～IT6　C. IT4～IT5　D. IT3～IT4

63. 要避免磨削过程中工件表面的烧伤就要减少磨削热和（　　）的传导。

A. 磨削热源　B. 加速磨削热　C. 砂轮热　D. 磨粒热

64. 在模具生产中，坐标镗床主要用于模具模板类工件的（　　）的切削加工。

A. 沟槽　B. 平面　C. 孔及孔系　D. 倒角

65. 坐标镗床镗削孔的最低精度可达（　　）级。

A. IT5　B. IT6　C. IT7　D. IT8

66. 坐标镗床加工孔系的定位精度达（　　）mm。

A. 0.003～0.005　B. 0.001～0.003

C. 0.005～0.015　D. 0.000 5～0.001

67. 坐标磨床不但可以加工精密孔距的圆孔，而且可磨削精密的（　　）。

A. 沟槽　B. 倒角　C. 非规则型孔　D. 平面

68. 坐标磨床具有连续轨迹控制功能，其型面加工精度可达（　　）。

A. 3～5 μm　B. 3～5 mm　C. 0.3～0.5 mm　D. 0.03～0.05 μm

69. 坐标磨床可用于磨削精密孔系，圆孔加工后的圆度达（　　）。

A. 2 μm　　B. 2 mm　　C. 0.3～0.5 mm　　D. 0.03～0.05 μm

70. 平面磨削工艺方法有（　　）、端面磨和导轨磨等。

A. 研磨　　B. 湿磨　　C. 圆周磨　　D. 干磨

71. 平面磨削工艺方法有圆周磨、（　　）和导轨磨等。

A. 研磨　　B. 湿磨　　C. 端面磨　　D. 干磨

72. 当钻孔直径大于 ϕ30 mm 时，常采用（　　）次加工完成。

A. 两　　B. 一　　C. 三　　D. 四

73. 钻孔精度可达（　　）级。

A. IT1～IT3　　B. IT11～IT13　　C. IT3～IT4　　D. IT14～IT15

74. 当孔径大于 ϕ100 mm 时，宜采用（　　）。

A. 镗孔　　B. 钻孔　　C. 铰孔　　D. 扩孔

75. 镗孔加工可以镗（　　）、锥孔等不同结构与孔径的孔。

A. 圆孔　　B. 三角形孔　　C. 椭圆孔　　D. 方孔

76. 镗削加工精度一般可达（　　）。

A. IT1～IT2　　B. IT5～IT10　　C. IT2～IT3　　D. IT13～IT14

77. （　　）加工精度一般可达 IT5～IT10。

A. 钻孔　　B. 镗孔　　C. 扩孔　　D. 铰孔

78. 模具制造中常需要铰孔的有（　　）、安装圆形型芯或顶杆等的孔。

A. 销钉孔　　B. 方孔　　C. 椭圆孔　　D. 三角孔

79. 模具制造中常需要铰孔的有销钉孔、（　　）和安装顶杆等的孔。

A. 安装圆形型芯的孔　　B. 方孔

C. 椭圆孔　　D. 三角孔

80. 铰削加工的精度一般为（　　）。

A. IT4～IT5　　B. IT6～IT7　　C. IT2～IT3　　D. IT13～IT14

81. 扩孔主要用于提高钻孔、铸造孔与（　　）的孔径精度。

A. 锻造孔　　B. 镗孔　　C. 磨孔　　D. 铰孔

82. （　）主要用于提高钻孔、铸造与锻造孔的孔径精度。

A. 扩孔　　B. 钻孔　　C. 铰孔　　D. 镗孔

83. 扩孔加工的精度一般可达（　　）。

A. IT1～IT2　　B. IT5～IT10　　C. IT10～IT13　　D. IT13～IT14

84. 导柱外圆研磨可降低表面粗糙度值，减少其摩擦系数并能（　　）。

A. 加工出表面所需曲面　　B. 加工出表面所需沟槽

C. 加工出表面所需花纹　　D. 提高其配合精度

85. 导柱外圆研磨可（　　），减少其摩擦系数并能提高其配合精度。

A. 增加表面粗糙度值　　B. 加工出表面所需曲面

C. 加工出表面所需花纹　　D. 降低表面粗糙度值

86. 电火花加工是利用电能和（　　）达到加工目的。

A. 热能　　B. 化学能　　C. 光能　　D. 声能

87. 电火花加工常用电极材料有（　　）和石墨。

A. 45 钢　　B. 铜　　C. 硬质合金　　D. 铝

88. 常用电极的结构形式有（　　）、镶拼式和多电极式。

A. 整体式　　B. 高速钢式　　C. 硬质合金式　　D. 铝合金式

89. 电极水平尺寸＝型腔图样上名义尺寸±系数×（　　）。

A. 平动量　　B. 电极单边缩放量

C. 放电间隙　　D. 凸凹模刃口配合间隙

90. （　　）＝型腔图样上名义尺寸±系数×电极单边缩放量。

A. 电极总高度尺寸　　B. 电极水平尺寸

C. 型腔实际尺寸　　D. 凸凹模刃口配合间隙

91. 电火花加工余量的大小应能补偿电火花加工的定位误差、（　　）及机械加工误差。

A. 找正误差　　B. 放电间隙　　C. 测量误差　　D. 电极损耗

92. 电规准主要包括（　　）、脉宽、脉间、峰值电压和极性。

A. 电极损耗　　B. 峰值电流　　C. 放电间隙　　D. 电极平动量

93. 电规准主要包括峰值电流、（　　）、脉间、峰值电压和极性。

A. 电极损耗　　B. 脉宽　　C. 放电间隙　　D. 电极平动量

94. 粗加工时应优先考虑采用较宽的（　　）。

A. 峰值电流　B. 冲油压力　C. 放电间隙　D. 脉冲宽度

95. （　　）时应优先考虑采用较宽的脉冲宽度。

A. 精加工　B. 选择电极材料　C. 半精加工　D. 粗加工

96. 电火花线切割加工是利用移动的细（　　）作电极，对工件进行脉冲火花放电、切割成形。

A. 铝丝　B. 铜丝或钼丝　C. 钢丝　D. 塑料丝

97. 电火花线切割加工是利用移动的细铜丝或钼丝作（　　），对工件进行脉冲火花放电、切割成形。

A. 型芯　B. 电极　C. 模具　D. 型腔

98. 电火花线切割加工属于中、精、（　　）电火花加工。

A. 正极性　B. 负极性　C. 中性　D. 其他

99. 电火花线切割加工中，走丝速度、电极丝张力大小、（　　）等都会影响加工精度。

A. 预置进给速度　B. 示波器类型

C. 机床工作液箱大小　D. 工作液循环装置中管道的粗细

100. 电火花线切割加工中，走丝速度、（　　）、预置进给速度等都会影响加工精度。

A. 电极丝张力大小　B. 示波器类型

C. 机床工作液箱大小　D. 工作液循环装置中管道的粗细

101. 在切割凸模时穿丝孔尽量钻在余料上，不直接从坯料外边切入，以免（　　）。

A. 产生锥度　B. 产生应力变形

C. 产生磨损　D. 降低表面加工质量

102. 穿丝孔的作用为加工凹模时作穿丝用，（　　）以及用作电极丝自动找正。

A. 增加凸模加工中的变形量　B. 减少凸模加工中的变形量

C. 改进零件表面质量　D. 提高走丝速度

三、多项选择题（选择一个以上正确的答案，将相应的字母填入题内的括号中）

1. 以下哪种属于注塑模具标准件：（　　）。

A. 型芯固定板　B. 直导套　C. 垫块　D. 斜滑块　E. 斜销

2. 导向机构的作用有（　　）。

A. 导向　　B. 定位　　C. 施加锁模力

D. 承受一定的侧向压力　　E. 顶出

3. 一般情况下，注塑模具可以采用（　　）根导柱。

A. 1　　B. 4　　C. 5　　D. 2　　E. 8

4. 以下说法中错误的是（　　）。

A. 导柱的位置可任意布置

B. 导柱的位置应避开型腔地板在工作时应力最大的部位

C. 导柱应布置在模架边缘

D. 导柱只能布置在距离模架边缘四分之一处

E. 导柱的位置应距离模板边缘有足够距离，以保证模具强度和导向刚度

5. 导向零件设计时应考虑的因素有（　　）。

A. 型芯型腔的结构　　B. 加工的工艺性

C. 导柱导套的材质及硬度　　D. 导柱导套应便于导向

E. 导向零件的设置要注意模具的强度

6. 注塑模具常用的导柱形式有（　　）。

A. 推板导柱　　B. 光导柱　　C. 带肩导柱　　D. 带头导柱　　E. 滚珠导柱

7. 注塑模具常用的导套形式有（　　）。

A. 滚珠导套　　B. 带头导套　　C. 滚动导套　　D. 直导套　　E. 滑动导套

8. 型腔壁厚的确定与（　　）有关。

A. 模具材料　　B. 型腔侧壁长度　　C. 塑料种类

D. 熔体压力　　E. 模具材料的抗拉强度

9. 固定板与型芯型腔的连接方式有（　　）。

A. 过盈配合压入式　　B. 台阶孔固定方式　　C. 沉孔固定

D. 焊接　　E. 平面固定

10. 支撑板厚度的确定与（　　）有关系。

A. 熔体压力　　B. 型芯尺寸　　C. 支撑板材料的抗拉强度

D. 固定板厚度　　E. 支撑板材料的弹性模量

11. 影响垫块高度的因素有（　　）。

A. 模具闭合高度　　B. 型腔尺寸　　C. 推出机构的推出行程

D. 熔体压力　　E. 固定板厚度

12. 选用螺钉时，需要考虑的因素有（　　）。

A. 螺钉材料　　B. 螺钉连接强度　　C. 螺钉数量

D. 标准化　　E. 螺钉尺寸

13. 专门用来制作三维零件的软件有（　　）。

A. AutoCAD　　B. UG NX　　C. SolidWorks　　D. Pro/E　　E. CATIA

14. 注塑模具材料应具有（　　）。

A. 良好的力学性能　　B. 优异的热传导性　　C. 优异的热性能

D. 适宜的加工性能　　E. 优异的电磁性

15. 选择注塑模具材料时，应遵循的原则是（　　）。

A. 根据模具各零件的功用合理选择　　B. 根据塑料特性进行选择

C. 根据模具生产批量选择　　D. 根据注塑设备选择

E. 根据模具加工方法选择

16. 设计注塑模具非标零件时，一般要满足（　　）的要求。

A. 强度　　B. 刚度　　C. 硬度　　D. 可加工性　　E. 表面粗糙度

17. 模具零件图的视图选择包括（　　）。

A. 主视图的选择　　B. 视图数量的选择　　C. 视图表示方法的选择

D. 技术要求　　E. 尺寸标注

18. 以下说法中正确的是（　　）。

A. 尺寸标注应符合国家标准　　B. 尺寸标注要考虑测量和检验要求

C. 尺寸标注应标全全部尺寸　　D. 尺寸标注应满足零件制造要求

E. 尺寸标注应满足设计和工艺要求

19. 注塑模具工作零件材料一般选用（　　）。

A. 铝合金　　B. 模具钢　　C. 合金钢　　D. 镁合金　　E. 碳素钢

20. 以下哪种塑件缺陷不是由于模具型腔刚度不够而引起的：（　　）。

A. 凹痕缩孔　B. 变形　C. 熔接痕　D. 飞边过大　E. 填充不足

21. 型腔刚度计算的依据是（　　）。

A. 保证塑件顺利脱模　B. 保证塑件强度要求　C. 保证塑件填充满

D. 保证塑件表面质量　E. 保证塑件的精度要求

22. 注塑模具型腔强度计算的依据是（　　）。

A. 型腔不变形　B. 保证型腔材料不破坏

C. 保证型腔应力小于材料的许用应力　D. 型腔不受力

E. 熔体不外溢

23. 注塑模具型芯刚度计算的依据是（　　）。

A. 保证不溢料　B. 保证型腔材料不破坏　C. 保证塑件的精度

D. 保证塑件顺利脱模　E. 保证型腔不受力

24. 注塑模具型芯强度计算的依据是（　　）。

A. 型芯不变形　B. 保证型芯材料不破坏

C. 保证型芯应力小于材料的许用应力　D. 型芯不受力

E. 熔体不外溢

25. 注塑模具型腔强度与（　　）有关。

A. 型腔宽度　B. 型腔长度　C. 型腔壁厚　D. 型腔周长　E. 熔体压力

26. 注塑模具型芯刚度与（　　）有关。

A. 型芯体积　B. 型芯材料　C. 型芯截面积

D. 型芯长度　E. 熔体压力

27. 注塑模具型芯强度与（　　）有关。

A. 型芯截面积　B. 熔体压力　C. 锁模力　D. 型芯周长　E. 型芯材料

28. 车削可以加工（　　）。

A. 花键轴　B. 浇口套　C. 齿轮　D. 链轮　E. 型芯

29. 铣削可以加工（　　）。

A. 花键轴　B. 浇口套　C. 齿轮　D. 模具型腔　E. 型芯

30. 对于精铣，下列说法中正确的是（ ）。

A. 尺寸精度可达 IT7～IT9 B. 尺寸精度可达 IT5～IT6

C. 尺寸精度可达 IT4～IT5 D. 表面粗糙度 Ra 可达 3.2～1.6 μm

E. 表面粗糙度 Ra 可达 1.7～0.5 μm

31. 刨削可加工（ ）。

A. 螺纹 B. 沟槽 C. 齿轮 D. 导套 E. 平面

32. 对于精刨，下列说法中正确的是（ ）。

A. 尺寸精度可达 IT7～IT9 B. 尺寸精度可达 IT5～IT6

C. 尺寸精度可达 IT4～IT5 D. 表面粗糙度 Ra 可达 3.2～1.6 μm

E. 表面粗糙度 Ra 可达 1.7～0.5 μm

33. 常用的内圆表面磨削方法有（ ）。

A. 纵磨法内圆磨削 B. 横磨法内圆磨削 C. 直磨法内圆磨削

D. 直面磨削 E. 切入法内圆磨削

34. 下列说法中正确的是（ ）。

A. 外圆磨削的尺寸精度可达 IT5～IT6

B. 外圆磨削表面粗糙度 Ra 可达 3.2～1.6 μm

C. 外圆磨削表面粗糙度 Ra 可达 0.8～0.2 μm

D. 内圆磨削的尺寸精度可达 IT3～IT4

E. 内圆磨削的尺寸精度可达 IT6～IT7

35. 要避免磨削过程中工件表面的烧伤，可采取的措施为（ ）。

A. 增加清磨次数 B. 提高磨床动刚度 C. 合理选用砂轮

D. 充分冷却 E. 精确控制砂轮的切入量

36. 在模具生产中，坐标镗床主要用于模具模板类工件的（ ）的切削加工。

A. 导套和导柱孔 B. 冲压模具的圆形型孔 C. 沟槽

D. 倒角 E. 冲压模具的斜孔

37. 在模具制造中，坐标磨床主要用于加工（ ）。

A. 平面 B. 沟槽 C. 平面孔系 D. 斜孔 E. 型孔

38. 平面磨削工艺方法有（　　）和导轨磨等。

A. 圆周磨　B. 湿磨　C. 端面磨　D. 干磨　E. 研磨

39. 对于模具上直径大于 ϕ30 mm 的孔，采用钻孔方法加工时以下说法中错误的是（　　）。

A. 通常采用一次加工　B. 通常采用两次加工　C. 通常采用五次加工
D. 通常采用六次加工　E. 通常采用八次加工

40. 镗孔加工不可以镗（　　）。

A. 圆孔　B. 三角形孔　C. 椭圆孔　D. 方孔　E. 锥孔

41. 模具制造中常需要铰孔的有（　　）等。

A. 安装圆形型芯的孔　B. 方孔　C. 安装顶杆的孔
D. 三角孔　E. 销钉孔

42. （　　）加工的精度一般不能达到 IT6～IT7。

A. 铸造孔　B. 铰孔　C. 锻造孔　D. 钻孔　E. 扩孔

43. 扩孔主要用于提高（　　）的孔径精度。

A. 铸造孔　B. 钻孔　C. 锻造孔　D. 镗孔　E. 磨孔

44. 扩孔是孔加工常见工艺，以下说法中不正确的是（　　）。

A. 扩孔加工的精度一般可达 IT10～IT13
B. 镗孔加工的精度一般可达 IT10～IT13
C. 磨孔加工的精度一般可达 IT10～IT13
D. 铰孔加工的精度一般可达 IT10～IT13
E. 锻造孔的精度一般可达 IT10～IT13

45. 导柱外圆研磨可（　　）。

A. 增加表面粗糙度值　B. 减少其摩擦系数　C. 加工出表面所需花纹
D. 降低表面粗糙度值　E. 提高其配合精度

46. 电火花加工是利用（　　）达到加工目的。

A. 热能　B. 化学能　C. 光能　D. 声能　E. 电能

47. 电火花加工常用电极材料有（　　）。

A. 45钢　　B. 石墨　　C. 硬质合金　　D. 铝　　E. 铜

48. 电火花加工余量的大小应能补偿电火花加工的（　　）及机械加工误差。

A. 定位误差　　B. 放电间隙　　C. 测量误差　　D. 电极损耗　　E. 找正误差

49. 电规准主要包括（　　）、脉间、峰值电压和极性。

A. 峰值电流　　B. 脉宽　　C. 放电间隙　　D. 电极平动量　　E. 电极材料

50. 电火花线切割加工中，（　　）等都会影响加工精度。

A. 电极丝张力大小　　B. 示波器类型　　C. 机床工作液箱大小

D. 预置进给速度　　E. 走丝速度

51. 穿丝孔的作用为（　　）以及用作电极丝自动找正。

A. 加工凹模时作穿丝用　　B. 减少凸模加工中的变形量

C. 改进零件表面质量　　D. 提高走丝速度

E. 减少磨损

模具总体设计

一、判断题（将判断结果填入括号中。正确的填“√”，错误的填“×”）

1. 目前标准模架一般分为二板模模架、三板模模架和简化三板模模架三种。（　　）

2. 三板模模架又称大水口模架，其优点是模具结构简单，成型制品的适应性强。（　　）

3. 三板模的浇注系统较长，故它很少用于大型制品或流动性较差的塑料成型。（　　）

4. 导柱、导套的尺寸精度、形状精度和表面粗糙度的要求应达到国家标准所规定的各项技术指标。（　　）

5. 模架装配主要是将导柱、导套装入模板和复位杆的调整。（　　）

6. 模架组装后，复位杆的顶端面应高出分型面 2 mm。（　　）

7. 装配关系是建立零件、部件或者元件、组件之间约束关系的关键。（　　）

8. 自上而下的装配件建立理念是：首先创建唯一的也是最高级的装配件，再创建它其中的一个零部件，然后对该零部件做约束。（　　）

9. 装配干涉检验方法分为静态干涉检验、动态干涉检验和运动干涉检验三个层次。（　）

10. 模具装配图必须 1∶1 绘制。（　）

11. 模具装配图中，一般动模排位图在左，定模排位图在右。（　）

12. 模具装配图中，零件的序号应按逆时针方向整齐地顺次排序。（　）

13. 模具总装标题栏用来填模具的名称、绘图比例、重量和图号等。（　）

14. 模具总装图中要对零件的粗糙度、公差与配合等技术指标予以标注。（　）

二、单项选择题（选择一个正确的答案，将相应的字母填入题内的括号中）

1. 目前标准模架一般分为二板模模架、（　）和简化三板模模架三种。

A. 简化二板模模架　B. 三板模模架　C. 非标模架　D. 简化模模架

2. （　）又称大水口模架，其优点是模具结构简单，成型制品的适应性强。

A. 二板模模架　B. 三板模模架　C. 四板模模架　D. 简化三板模模架

3. （　）浇注系统较长，故它很少用于大型制品或流动性较差的塑料成型。

A. 二板模模架　B. 三板模模架　C. 四板模模架　D. 简化三板模模架

4. （　）适用于单分型面注塑模具。

A. 二板模模架　B. 三板模模架　C. 四板模模架　D. 简化三板模模架

5. 热流道模都用（　）。

A. 二板模模架　B. 三板模模架　C. 四板模模架　D. 五板模模架

6. 导柱、导套的（　）、形状精度和表面粗糙度的要求应达到国家标准所规定的各项技术指标。

A. 尺寸精度　B. 重量　C. 体积　D. 其他

7. 模架装配主要是将导柱、导套装入（　）和复位杆的调整。

A. 注塑机　B. 型芯　C. 模板　D. 型腔

8. 模架组装后，（　）的顶端面应与分型面平齐。

A. 复位杆　B. 推杆　C. 导柱　D. 导套

9. 装配关系是建立模具零件、部件或者元件、组件之间（　）关系的关键。

A. 公差　B. 约束　C. 配合　D. 空间

10. 自下而上的装配方法是先设计好各个零件，然后建立零件之间的（　　）并进行装配。

A. 位置关系　　B. 力学关系　　C. 配合关系　　D. 几何约束关系

11. 自上而下装配法中，约束包括与其他部件的连接约束和（　　）。

A. 对该零部件特征的简单约束　　B. 装配体对零部件的约束

C. 零部件对装配体的约束　　D. 其他部件之间的连接约束

12. 自上而下装配法中，约束包括（　　）和对该零部件特征的简单约束。

A. 装配体对零部件的约束　　B. 与其他部件的连接约束

C. 零部件对装配体的约束　　D. 其他部件之间的连接约束

13.（　　）主要检验零件在装配最终位置时是否发生干涉。

A. 静态干涉检验　　B. 动态干涉检验

C. 运动干涉检验　　D. 装配干涉检验

14. 检验零件在装配最终位置时是否发生干涉的检验方法叫（　　）。

A. 装配干涉检验　　B. 动态干涉检验

C. 运动干涉检验　　D. 静态干涉检验

15.（　　）属于碰撞检验，为产品的可装配性提供依据。

A. 静态干涉检验　　B. 动态干涉检验

C. 运动干涉检验　　D. 装配干涉检验

16.（　　）是对机构进行运动学、动力学分析，保证产品的运动零部件在工作时不与周围零部件发生碰撞干涉。

A. 装配干涉检验　　B. 动态干涉检验

C. 运动干涉检验　　D. 静态干涉检验

17. 以下不属于模具装配图中必需内容的是（　　）。

A. 排气示意图　　B. 推杆列表

C. 冷却水路轴侧示意图　　D. 动模各种裂孔表

18. 以下不属于模具装配图中必需内容的是（　　）。

A. 能表达模具的全部结构　　B. 推杆列表

C. 排气示意图　　D. 必要的尺寸

19. 模具装配图中，横向的剖视图在（　　）。

A. 动模排位图的下方　　B. 定模排位图的下方

C. 动模排位图的上方　　D. 定模排位图的上方

20. 模具装配图中，零件的序号应按（　　）方向整齐地顺次排序。

A. 从上往下　　B. 逆时针　　C. 顺时针　　D. 从下往上

21. 模具装配图中，零件的序号应按（　　）方向整齐地顺次排序。

A. 从右往左　　B. 逆时针　　C. 从左往右　　D. 顺时针

22. 模具装配图明细表设有（　　）、规格尺寸、材料、数量及备注等栏。

A. 名称　　B. 公差　　C. 粗糙度　　D. 热处理

23. 模具装配图明细表设有名称、（　　）、材料、数量及备注等栏。

A. 公差　　B. 规格尺寸　　C. 粗糙度　　D. 热处理

24. 模具标题栏用来填模具的（　　）、绘图比例、重量、图号及设计者、校对者等和设计单位的信息。

A. 名称　　B. 公差　　C. 序号　　D. 材料

25. 模具标题栏用来填模具的（　　）、绘图比例、重量、图号及设计者、校对者等和设计单位的信息。

A. 公差　　B. 名称　　C. 数量　　D. 代号

26. 对于同一规格、均匀分布的螺栓、螺母等连接件或相同的零件组，允许只画一个或一组，其余用中心线或（　　）表示其位置。

A. 虚线　　B. 实心线　　C. 轴线　　D. 轮廓线

27. 对于同一规格、均匀分布的螺栓、螺母等连接件或相同的零件组，允许只画一个或一组，其余用（　　）或轴线表示其位置。

A. 中心线　　B. 实心线　　C. 虚线　　D. 轮廓线

28. 属于模具总装图上技术要求内容的是（　　）。

A. 表面粗糙度　　B. 公差与配合

C. 模架规格　　D. 表面形状及位置公差

29. 属于模具总装图上技术要求内容的是（　　）。

A. 表面粗糙度　　B. 公差与配合

C. 形位公差　　D. 动定模的脱模斜度

三、多项选择题（选择一个以上正确的答案，将相应的字母填入题内的括号中）

1. 目前标准模架一般分为（　　）。

A. 二板模模架　　B. 三板模模架　　C. 四板模模架

D. 简化三板模模架　　E. 简化四板模模架

2. 细水口模架的优点有（　　）。

A. 模具结构简单　　B. 制品可在任何位置进料　　C. 制品成型质量好

D. 有利于自动化生产　　E. 成型制品的适应性强

3. 以下关于标准模架选用依据的说法中正确的有（　　）。

A. 热流道模都用二板模模架

B. 齿轮模多采用三板模模架

C. 能用二板模模架时不用三板模模架

D. 当制品必须采用点浇口从型腔中间一点或多点进料时，则采用三板模模架

E. 精度要求高、寿命要求高的模具，不应用简化三板模模架

4. 导柱、导套的（　　）的要求应达到国家标准所规定的各项技术指标。

A. 表面粗糙度　　B. 尺寸精度　　C. 形状精度

D. 重量　　E. 其他

5. 模架组装后，复位杆的顶端面应（　　）。

A. 与分型面平齐　　B. 与型腔面平齐　　C. 与导柱端面平齐

D. 与导套端面平齐　　E. 比分型面低 0.02～0.05 mm

6. 装配关系是建立（　　）之间约束关系的关键。

A. 零件　　B. 部件　　C. 元件　　D. 组件　　E. 装配件

7. 自下向上进行装配的主要缺点有（　　）。

A. 装配体无法随着零件的修改而及时修改

B. 没有全局考虑

C. 重复工作多

D. 人力资源浪费

E. 效率低

8. 关于静态干涉检验方法，以下描述正确的有（　　）。

A. 静态干涉检验主要检验零件在装配最终位置时是否发生干涉

B. 静态干涉检验属于碰撞检验

C. 静态干涉仅与产品的空间位置有关

D. 静态干涉可以直接使用几何空间上的计算方法来确定

E. 静态干涉检验保证产品的运动零部件在工作时不与周围的零部件发生干涉

9. 模具装配图的内容包括（　　）。

A. 模具的全部结构和不要的尺寸　　B. 推杆列表

C. 零件编号、标题栏和更改栏　　D. 冷却水路轴侧示意图

E. 明细表

10. 关于模具装配图的布局，下列说法中正确的是（　　）。

A. 动模排位图在右　　B. 定模排位图在左

C. 横向剖视图在定模排位图的下方

D. 纵向的剖视图在动模右方

E. 纵向的剖视图在动模和定模排位图中间

11. 模具装配图明细表中设有（　　）等栏。

A. 序号　　B. 材料　　C. 名称　　D. 数量　　E. 备注

12. 模具装配图中可省略不画的有（　　）

A. 倒角　　B. 倒圆　　C. 轮廓线

D. 退刀槽　　E. 六角螺栓头部及螺母因倒角而产生的曲线

13. 属于模具总装图上技术要求内容的是（　　）。

A. 模架规格　　B. 开框尺寸　　C. 内模镶件的材料

D. 动定模的脱模斜度　　E. 备料尺寸

模具调试与验收

一、判断题（将判断结果填入括号中。正确的填“√”，错误的填“×”）

1. 试模前应检查试模材料是否符合图样规定的技术要求，但不必检查预热和烘干情况。（　）

2. 试模材料检查应首先了解试模材料的种类、规格、组成、性能特点等原始性能资料，其次了解塑料的塑化及成型工艺参数，然后分析落实成型材料能否满足塑料制件的要求。（　）

3. 试模前应检查模具结构、准备试模材料、熟悉产品图样及工艺、熟悉使用设备和工具等。（　）

4. 试模过程中应注意检查塑件的外形，塑件尺寸，塑件是否有飞边、气泡、裂纹等缺陷。（　）

5. 模具试模过程包括试模前检查、试模缺陷分析与调整、试模后的模具验收。（　）

6. 模具调试过程中应记录在试模过程出现的异常现象及成型条件变化状况，这是模具调整及确定成型工艺条件的重要依据。（　）

7. 塑件表面有银丝及波纹是由于原料含有水分及挥发物、料温太高或太低、注射压力太低、流道浇口尺寸太大等原因。（　）

8. 出现主流道黏模的原因之一是由于主流道光洁度差，应适当提高主流道光洁度。（　）

二、单项选择题（选择一个正确的答案，将相应的字母填入题内的括号中）

1. 试模前应检查试模材料（　），并检查预热和烘干情况。

A. 是否符合图样规定的技术要求　　B. 分子结构

C. 颗粒大小　　D. 色泽

2. 试模材料检查应首先（　），其次了解塑料的塑化及成型工艺参数，然后分析落实成型材料能否满足塑料制件的要求。

A. 进行材料的力学性能测试

B. 了解材料的种类、规格、组成、性能特点等原料性能资料

C. 进行材料的硬度性能测试

D. 进行材料的弯曲性能测试

3. 试模前应检查模具结构、（　　）、熟悉产品图样及工艺、熟悉使用设备和工具等。

A. 了解模具零件的热处理情况　　B. 学习绘图软件

C. 检测模板的硬度　　D. 准备试模材料

4. 调试人员应（　　）、具备一定的识图能力、熟悉设备使用、具备模具相关知识并能记录试模过程。

A. 具备塑料材料的相关知识　　B. 了解试模材料分子结构

C. 能够使用绘图软件　　D. 了解塑料材料的工艺性能

5. 试模过程中应注意检查塑件的外形，尺寸变化情况，（　　）、气泡、裂纹等缺陷。

A. 是否有飞边　　B. 后续处理

C. 零件的热处理情况　　D. 型腔材料的选择

6. 模具试模过程包括（　　）、试模缺陷分析与调整、试模后的模具验收。

A. 模架的选择　　B. 冷却系统的设计

C. 试模前检查　　D. 型腔材料的选择

7. 模具调试过程中应记录在试模过程中（　　）及成型条件变化状况，这是模具调整及确定成型工艺条件的重要依据。

A. 导柱的材料　　B. 出现的异常现象

C. 塑件产品图　　D. 模架的型号

8. 模具调试过程中应记录在试模过程中出现的异常现象及（　　），这是模具调整及确定成型工艺条件的重要依据。

A. 导柱的材料　　B. 成型条件变化状况

C. 塑件产品图　　D. 模板的材料

9. 注射模塑常见的缺陷有（　　）、塑件溢边、塑件有气泡及塑件有凹陷等。

A. 塑件不足　　B. 薄膜撕裂强度偏低

C. 薄膜厚度不匀　　D. 管材口径不圆

10. 注射模塑常见的缺陷有塑件不足、（　　）、塑件有气泡及塑件有凹陷等。

A. 塑件溢边　　B. 薄膜撕裂强度偏低

C. 薄膜厚度不匀　　D. 管材口径不圆

11. 塑件表面有银丝及波纹是由于原料含有水分及挥发物、料温太高或太低、（　　）、流道浇口尺寸太大等原因。

A. 注射压力太高　　B. 注射压力太低

C. 塑料有分解　　D. 加料量不足

12. 塑件表面有银丝及波纹是由于（　　）、料温太高或太低、注射压力太低、流道浇口尺寸太大等原因。

A. 原料太干燥　　B. 原料含有水分及挥发物

C. 塑料有分解　　D. 加料量不足

13. 出现主流道黏模可采取（　　）、适当延长冷却时间、为主流道增加冷料穴等措施。

A. 适当提高主流道光洁度　　B. 增加注射压力

C. 减小主流道斜度　　D. 增加料温

三、多项选择题（选择一个以上正确的答案，将相应的字母填入题内的括号中）

1. 试模前应检查试模材料（　　）。

A. 是否符合图样规定的技术要求　　B. 预热情况　　C. 烘干情况

D. 分子结构　　E. 其他

2. 试模材料检查方法应从（　　）等几方面进行。

A. 了解材料的种类、规格、组成、性能特点等原料性能资料

B. 了解塑料的塑化及成型工艺参数

C. 进行材料的硬度性能测试

D. 进行材料的弯曲性能测试

E. 分析落实成型材料能否满足塑料制件的要求

3. 调试人员应掌握塑料材料的相关知识、（　　）、具备模具相关知识等并能记录试模过程。

A. 熟悉设备使用　　B. 具备一定的识图能力　　C. 能够使用绘图软件

D. 了解试模材料分子结构　　E. 能够检测设备连杆的强度

4. 试模过程中应注意检查塑件的（　　）、裂纹等缺陷。

A. 外形　　B. 后续处理　　C. 尺寸变化情况

D. 是否有飞边　　E. 气泡

5. 模具试模过程包括（　　）。

A. 模架的选择　　B. 试模前检查　　C. 试模缺陷分析与调整

D. 型腔材料的选择　　E. 试模后的模具验收

6. 模具调试过程中应记录在试模过程中（　　），这是模具调整及确定成型工艺条件的重要依据。

A. 导柱的材料　　B. 成型条件变化状况　　C. 塑件产品图

D. 模板的材料　　E. 出现的异常现象

7. 注射模塑常见的缺陷有（　　）及塑件有凹陷等。

A. 塑件不足　　B. 塑件溢边　　C. 薄膜厚度不匀

D. 管材口径不圆　　E. 加料量不足

8. 塑件表面有银丝及波纹是由于（　　）、流道浇口尺寸太大等原因。

A. 原料含有水分及挥发物　　B. 注射压力太低　　C. 塑料有分解

D. 料温太高或太低　　E. 加料量不足

第 4 部分

操作技能复习题

工艺分析与结构布局设计

一、简单注塑件的工艺分析与计算（试题代码[①]：1.1.1；考核时间：60 min）

1. 试题单

（1）背景资料

该塑件材料为 ABS，属大批量生产，其产品图如图 1.1.1 _ 1 所示（其二维工程图为素材文件夹[②]中的试题单图纸 1.1.1. pdf，在 Pro/E 环境中三维模型目录为 ProE \ 1 _ 1 _ 1 \ gai. prt；在 UG 环境中三维模型目录为 UG \ 1 _ 1 _ 1 \ gai. prt）。

图 1.1.1 _ 1　塑件产品图

（2）试题要求

请在答题卷上完成下述内容的工艺分析与计算。

① 试题代码表示该试题在操作技能考核方案表格中的所属位置。左起第一位表示项目号，第二位表示单元号，第三位表示在该项目、单元下的第几个试题。

② 本手册素材请到 http://www.class.com.cn/datas/6/096159.rar 下载。

根据图 1.1.1_1 所示的塑件产品，并利用本试题附带的“附录：参考文献”中的资料完成如下任务：

1）进行塑件的原材料分析。

a. 材料的种类的选择。

b. 从材料的使用性能进行分析。

c. 从材料的成型性能进行分析。

2）根据塑件图和本试题附带的“附录：参考文献”中的资料确定塑件的尺寸精度等级。

3）根据已给素材利用软件进行塑件的体积和质量计算（取材料密度为 1.10 kg/dm^3）。

（3）附录：参考文献

1）附录 1：五种塑料的性能对比。

性能 名称	结构性能	使用性能	成型性能	应用范围
PE	线性聚合物，力学性能不高，电绝缘性好，熔点低，印刷性不好	无味、无毒的白色粉末或颗粒，外观呈乳白色；PE 膜透水率低，但透气性较大；拉伸强度较低，抗蠕变性不好，只有耐冲击性能较好，耐热性不高，耐低温性好，电性能十分优异，具有良好的化学稳定性，但耐候性不好	流动性好，吸水率低，PE 制品在冷却过程中易结晶，成型收缩率大	薄膜类制品、注塑制品、中空制品、管材类制品、丝类制品、电缆制品等
PA66	半晶体—晶体材料，具有优良的电绝缘性能、优良的硬度保持性	具有高耐热性、优良的抗风化能力、优良的耐化学性、卓越的韧性和耐疲劳性能、优良的耐磨损和摩擦性能、长时间的热稳定性、卓越的流动特性、优良的加工性能、卓越的耐疲劳性能、高抗冲击性、优良的耐化学性	熔融黏度低、流动性良好，容易产生飞边，成型加工前必须进行干燥处理以吸潮，塑件尺寸变化较大，热稳定性差	汽车/运输用品、电器零件、光栅、纺织品、地毯、家具设备、包装用品、家用产品
PP	线性结构，等规 PP 的结构规整性好，具有高度的结晶性，熔点高，硬度和刚性大，力学性能好	白色蜡状固体，外观比 PE 更透明，更轻；有较好的力学性能，冲击性能在室温以上时较好，在低温时迅速变差；表面硬度和刚性较高，并有良好的表面光泽；有突出的抗弯曲疲劳性能，耐蠕变性好；耐热性能良好，耐低温性差，低温时脆性大，电绝缘性优良，有很高的耐化学腐蚀性	吸水率低，加工前不必干燥，成型收缩率大，在加工时易产生取向；PP 制品要避免出现尖角，以避免引起应力集中	注塑制品、薄膜制品、纤维制品、挤出制品、中空制品等

续表

性能＼名称	结构性能	使用性能	成型性能	应用范围
PS	分子结构不对称，刚性和脆性大，制品易产生内应力，具有很高的透明性	无色透明粒料，制品质硬；透明性好，硬而脆，无延伸性，拉伸至屈服点附近即断裂；冲击强度很小，耐磨性差，耐蠕变性一般；耐热性不好，耐低温性不好，绝缘性优良，可耐适当的电晕放电，耐电弧性好；化学稳定性较好，可耐一般的酸、碱、盐、矿物油等；耐候性不好，不适于长期户外使用	为无定形树脂，无明显熔点，熔融温度范围较宽；热稳定性好，流动性很好，成型收缩率较低；吸水率较低，加工前一般不需干燥；易产生内应力，制品要进行热处理	电器制品、透明制品、日用品、包装材料等
ABS	丙烯腈：耐化学腐蚀性好，表面硬度高 丁二烯：韧性好 苯乙烯：透明性好，着色性好，电绝缘性好，加工性好	不透明呈象牙色的粒料，其制品可着成五颜六色；力学性能优良，冲击强度极好，耐磨性优良，尺寸稳定性好，耐油性好，弯曲强度和压缩强度较差；耐热性和耐低温性能好，电绝缘性较好，化学稳定性好，耐候性差	流动性中等，热稳定性好，吸水性较高，加工前需干燥，加工中易产生内应力，内应力大时要进行退火处理	壳体材料、机械配件、汽车配件

2）附录2：工程塑料模塑塑件尺寸公差（GB/T 14486—93）。

工程塑料模塑塑件尺寸公差（GB/T 14486—93）（单位：mm）

公差等级	公差种类	基本尺寸												
		大于0 到3	3 6	6 10	10 14	14 18	18 24	24 30	30 40	40 50	50 65	65 80	80 100	100 120
		标注公差的尺寸公差值												
MT1	A	0.07	0.08	0.09	0.10	0.11	0.12	0.14	0.16	0.18	0.20	0.23	0.26	0.29
	B	0.14	0.16	0.18	0.20	0.21	0.22	0.24	0.26	0.28	0.30	0.33	0.36	0.39
MT2	A	0.10	0.12	0.14	0.16	0.18	0.20	0.22	0.24	0.26	0.30	0.34	0.38	0.42
	B	0.20	0.22	0.24	0.26	0.28	0.30	0.32	0.34	0.36	0.40	0.44	0.48	0.52
MT3	A	0.12	0.14	0.16	0.18	0.20	0.24	0.28	0.32	0.36	0.40	0.46	0.52	0.58
	B	0.31	0.34	0.36	0.38	0.40	0.44	0.48	0.52	0.56	0.60	0.66	0.72	0.78

续表

公差等级	公差种类	基本尺寸												
		大于0 到3	3 6	6 10	10 14	14 18	18 24	24 30	30 40	40 50	50 65	65 80	80 100	100 120
标注公差的尺寸公差值														
MT4	A	0.16	0.18	0.20	0.24	0.28	0.32	0.36	0.42	0.48	0.56	0.64	0.72	0.82
	B	0.36	0.38	0.40	0.44	0.48	0.52	0.56	0.62	0.68	0.76	0.84	0.92	1.02
MT5	A	0.20	0.24	0.28	0.32	0.38	0.44	0.50	0.56	0.64	0.74	0.86	1.00	1.14
	B	0.40	0.44	0.48	0.52	0.58	0.64	0.70	0.76	0.84	0.94	1.06	1.20	1.34
MT6	A	0.26	0.32	0.38	0.46	0.54	0.62	0.70	0.80	0.94	1.10	1.28	1.48	1.72
	B	0.46	0.52	0.58	0.68	0.74	0.82	0.90	1.00	1.14	1.30	1.48	1.68	1.92
MT7	A	0.38	0.48	0.58	0.68	0.78	0.88	1.00	1.14	1.32	1.54	1.80	2.10	2.40
	B	0.58	0.68	0.78	0.88	0.98	1.08	1.20	1.34	1.52	1.74	2.00	2.30	2.60
未注公差的尺寸允许偏差														
MT5	A	±0.10	±0.12	±0.14	±0.16	±0.19	±0.22	±0.25	±0.28	±0.32	±0.37	±0.43	±0.50	±0.57
	B	±0.20	±0.22	±0.24	±0.26	±0.29	±0.32	±0.35	±0.38	±0.42	±0.47	±0.53	±0.60	±0.67
MT6	A	±0.13	±0.16	±0.19	±0.23	±0.27	±0.31	±0.35	±0.40	±0.47	±0.55	±0.64	±0.74	±0.86
	B	±0.23	±0.26	±0.29	±0.33	±0.37	±0.41	±0.45	±0.50	±0.57	±0.65	±0.74	±0.84	±0.96
MT7	A	±0.19	±0.24	±0.29	±0.34	±0.39	±0.44	±0.50	±0.57	±0.66	±0.77	±0.90	±1.05	±1.20
	B	±0.29	±0.34	±0.39	±0.44	±0.49	±0.54	±0.60	±0.67	±0.76	±0.87	±1.00	±1.15	±1.30

公差等级	公差种类	基本尺寸											
		120 140	140 160	160 180	180 200	200 225	225 250	250 280	280 315	315 355	355 400	400 450	450 500
标注公差的尺寸公差值													
MT1	A	0.32	0.36	0.40	0.44	0.48	0.52	0.56	0.60	0.64	0.70	0.78	0.86
	B	0.42	0.46	0.50	0.54	0.58	0.62	0.66	0.70	0.74	0.80	0.88	0.96
MT2	A	0.46	0.50	0.54	0.60	0.66	0.72	0.76	0.84	0.92	1.00	1.10	1.20
	B	0.56	0.60	0.64	0.70	0.76	0.82	0.86	0.94	1.02	1.10	1.20	1.30
MT3	A	0.64	0.70	0.78	0.86	0.92	1.00	1.10	1.20	1.30	1.44	1.60	1.74
	B	0.84	0.90	0.98	1.06	1.12	1.20	1.30	1.40	1.50	1.64	1.80	1.94

续表

公差等级	公差种类	基本尺寸											
		120 140	140 160	160 180	180 200	200 225	225 250	250 280	280 315	315 355	355 400	400 450	450 500
标注公差的尺寸公差值													
MT4	A	0.92	1.02	1.12	1.24	1.36	1.48	1.62	1.80	2.00	2.20	2.40	2.60
	B	0.12	1.22	1.32	1.44	1.56	1.68	1.82	2.00	2.20	2.40	2.60	2.80
MT5	A	1.28	1.44	1.60	1.76	1.92	2.10	2.30	2.50	2.80	3.10	3.50	3.90
	B	1.48	1.64	1.80	1.96	2.12	2.30	2.50	2.70	3.00	3.30	3.70	4.10
MT6	A	2.00	2.20	2.40	2.60	2.90	3.20	3.50	3.80	4.30	4.70	5.30	6.00
	B	2.20	2.40	2.60	2.80	3.10	3.40	3.70	4.00	4.50	4.90	5.50	6.20
MT7	A	2.70	3.00	3.30	3.70	4.10	4.50	4.90	5.40	6.00	6.70	7.40	8.20
	B	3.10	3.20	3.50	3.90	4.30	4.70	5.10	5.60	6.20	6.90	7.60	8.40
未注公差的尺寸允许偏差													
MT5	A	±0.64	±0.72	±0.80	±0.88	±0.96	±1.05	±1.15	±1.25	±1.40	±1.55	±1.75	±1.95
	B	±0.74	±0.82	±0.90	±0.98	±1.06	±1.15	±1.25	±1.35	±1.50	±1.65	±1.85	±2.05
MT6	A	±1.00	±1.10	±1.20	±1.30	±1.45	±1.60	±1.75	±1.90	±2.15	±2.35	±2.65	±3.00
	B	±1.10	±1.20	±1.30	±1.40	±1.55	±1.70	±1.85	±2.00	±2.25	±2.45	±2.75	±3.10
MT7	A	±1.35	±1.50	±1.65	±1.85	±2.05	±2.25	±2.45	±2.70	±3.00	±3.35	±3.70	±4.10
	B	±1.45	±1.60	±1.75	±1.96	±2.15	±2.35	±2.55	±2.80	±3.10	±3.45	±3.80	±4.20

2. 答题卷

(1) 塑件的原材料分析。

1) 材料的种类的选择：ABS属于（ ）。

A. 热塑性塑料　　B. 热固性塑料

2) 从材料的使用性能进行分析。

3) 从材料的成型性能进行分析。

（2）根据塑件图和本试题附带的“附录：参考文献”中的资料确定塑件的尺寸精度等级。

（3）进行塑件的体积和质量计算（小数点后保留两位，取材料密度为 1.10 kg/dm³）。

3. 评分表

评价要素	配分	得分
1	5	
2	3	
3	2	
合计	10	

二、简单注塑模具的结构布局设计（试题代码：1.2.1；考核时间：60 min）

1. 试题单

（1）操作条件

1）台式计算机。

2）三维设计软件：Pro/E Wildfire 4.0 ＋EMX 5.0 或 UG NX 6.0＋MoldWizard 4.0。

（2）操作内容

塑件材料为 ABS，其收缩率范围为 0.4%～0.7%，属大批量生产，请根据素材文件夹给定的 gai.prt 三维塑件模型（如图 1.2.1 _ 1 所示，在 Pro/E 环境中其三维模型为 ProE\1 _ 2 _ 1\gai.prt，在 UG 环境中其三维模型为 UG\1 _ 2 _ 1\gai.prt）完成如下设计：

图 1.2.1 _ 1　塑件三维模型

1）模具设计为一模两腔结构。

2）请在答题卷上选择工件毛坯合理的尺寸。

3）请根据简图 1.2.1 _ 2 完成分型面设计。

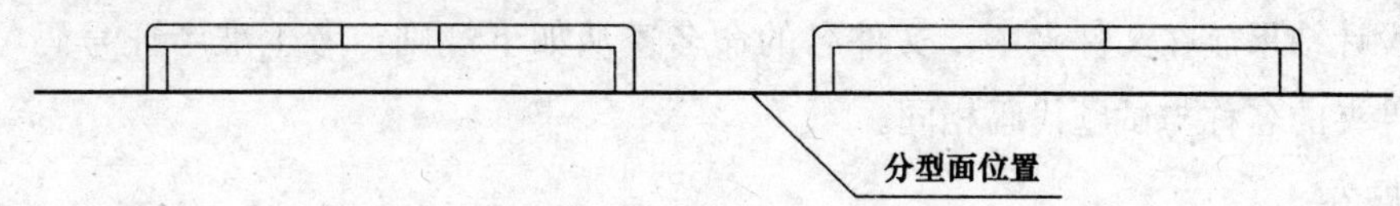

图 1.2.1 _ 2　分型面示意图

4）完成浇注系统设计。

a. 对应采用的浇口套外径为 φ10 mm。

b. 模仁上的主流道只需开设出与浇口套外形相匹配的孔。

c. 其余部分根据简图 1.2.1 _ 3 完成设计。

5）完成模仁的生成。

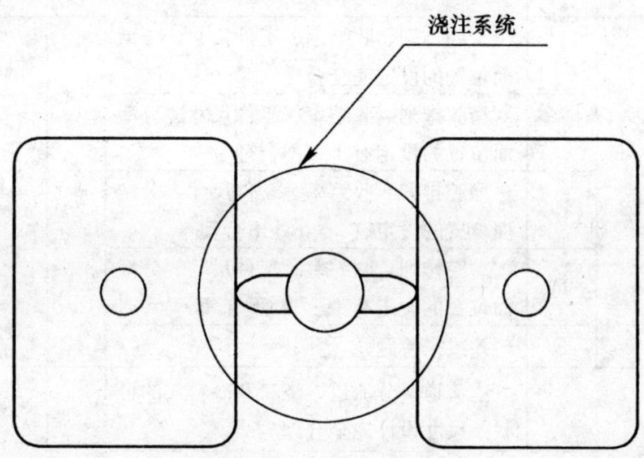

图 1.2.1 _ 3　浇注系统示意图

（3）操作要求

1）按照图样要求，完成上述设计。

2）设计过程中：

a. 能正确设置收缩率。

b. 能合理布局型腔的排列方式。

c. 能合理确定工件毛坯的尺寸和位置。

d. 能根据产品的结构特点合理设计分型面。

e. 能合理设计浇注系统的布局形式。

注：设计结果放在文件夹中，文件名的命名遵从如下规则：考生准考证号码＼子文件夹，子文件夹的名称与试题代码相同。

2. 答题卷

工件毛坯尺寸合理的是（　　）。

A. 130×90×60（定模仁 30，动模仁 30）

B. 80×60×50（定模仁 30，动模仁 20）

3. 评分表

<table>
<tr><td colspan="2">试题代码及名称</td><td colspan="3">1.2.1 简单注塑模具的结构布局设计</td><td colspan="3">考核时间</td><td colspan="3">60 min</td></tr>
<tr><td colspan="2" rowspan="2">评价要素</td><td rowspan="2">配分</td><td rowspan="2">等级</td><td rowspan="2">评分细则</td><td colspan="5">评定等级</td><td rowspan="2">得分</td></tr>
<tr><td>A</td><td>B</td><td>C</td><td>D</td><td>E</td></tr>
<tr><td rowspan="5">1</td><td rowspan="5">分型面设计</td><td rowspan="5">10</td><td>A</td><td>型腔排列、收缩率、工件尺寸、分型面位置的设定完全合理</td><td rowspan="5"></td><td rowspan="5"></td><td rowspan="5"></td><td rowspan="5"></td><td rowspan="5"></td><td rowspan="5"></td></tr>
<tr><td>B</td><td>型腔排列、收缩率、工件尺寸、分型面位置的设定有 1 处不合理</td></tr>
<tr><td>C</td><td>型腔排列、收缩率、工件尺寸、分型面位置的设定有 2～3 处不合理</td></tr>
<tr><td>D</td><td>型腔排列、收缩率、工件尺寸、分型面位置的设定有 4～7 处不合理</td></tr>
<tr><td>E</td><td>差或未答题</td></tr>
<tr><td rowspan="5">2</td><td rowspan="5">浇注系统设计</td><td rowspan="5">8</td><td>A</td><td>主流道、分流道、浇口和冷料穴的形状及尺寸设计完全合理</td><td rowspan="5"></td><td rowspan="5"></td><td rowspan="5"></td><td rowspan="5"></td><td rowspan="5"></td><td rowspan="5"></td></tr>
<tr><td>B</td><td>主流道、分流道、浇口、冷料穴的设计有 1～2 处不合理</td></tr>
<tr><td>C</td><td>主流道、分流道、浇口、冷料穴的设计有 3～4 处不合理</td></tr>
<tr><td>D</td><td>主流道、分流道、浇口、冷料穴的设计有 5～8 处不合理</td></tr>
<tr><td>E</td><td>差或未答题</td></tr>
<tr><td>3</td><td>模仁的生成</td><td>4</td><td>A</td><td>体积块的分割和模具组件的生成完全合理</td><td></td><td></td><td></td><td></td><td></td><td></td></tr>
</table>

续表

试题代码及名称		1.2.1 简单注塑模具的结构布局设计			考核时间		60 min			
评价要素		配分	等级	评分细则	评定等级					得分
					A	B	C	D	E	
			B	体积块的分割和模具组件的生成有 1 处不合理						
			C	体积块的分割和模具组件的生成有 2 处不合理						
			D	体积块的分割和模具组件的生成有 3 处不合理						
			E	差或未答题						
4	模仁设计合理性判断	3	A	模仁的整体结构设计完全合理						
			B	模仁的整体结构设计有 1～2 处不合理						
			C	模仁的整体结构设计有 3～4 处不合理						
			D	模仁的整体结构设计有 5～8 处不合理						
			E	差或未答题						
合计配分		25		合计得分						

等级	A（优）	B（良）	C（尚可）	D（较差）	E（差或未答题）
比值	1.0	0.8	0.6	0.2	0

“评价要素”得分＝配分×等级比值。

模具零部件设计

一、标准零件选用与建模（试题代码：2.1.1；考核时间：60 min）

1. 试题单

(1) 操作条件

1）台式计算机。

2）三维设计软件：Pro/E Wildfire 4.0＋EMX 5.0 或 UG NX 6.0＋MoldWizard 4.0。

（2）操作内容

1）请根据给定的三维总装配模型（在 Pro/E 环境中三维模型目录为 ProE \ 2 _ 1 _ 1 \ new.asm，UG 环境中三维模型目录为 UG \ 2 _ 1 _ 1 \ gai _ stp _ top _ 000.prt）和图 2.1.1 _ 1 给定的浇口套和定位环结构形式，进行浇口套和定位环的设计。

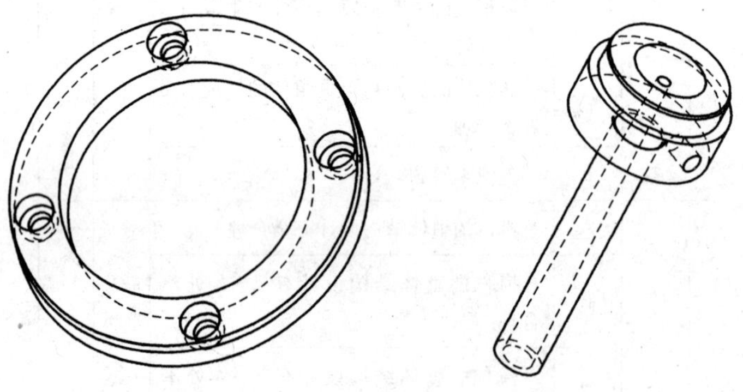

图 2.1.1 _ 1　定位环和浇口套示意图

a. 相应的注塑机的定位孔直径为 φ100 mm。

b. 注塑机的喷嘴内孔直径为 φ2 mm，喷嘴头部的球面半径为 R10 mm。

c. 主流道的锥角设为 3°。

2）将浇口套、定位环和定位螺钉装配到注塑模具总装配图的合适位置。

3）完成定模座板、浇口套和定模仁的局部修改。

（3）操作要求

1）按照要求，完成上述设计。

2）设计过程中：

a. 能合理选择浇口套和定位环的结构形式与尺寸。

b. 能将选择的浇口套、定位环和定位螺钉装配到注塑模具中适当的位置。

c. 能根据注塑模具的整体结构合理修改定模座板和浇口套的形状及尺寸。

注：设计结果放在文件夹中，文件夹的命名遵从如下规则：考生准考证号码 \ 子文件夹，子文件夹的名称与试题代码相同。

2. 评分表

试题代码及名称		2.1.1 标准零件选用与建模		考核时间		60 min			
评价要素	配分	等级	评分细则	评定等级					得分
				A	B	C	D	E	
1　浇口套和定位环的选择	9	A	浇口套和定位环的选择完全合理						
		B	浇口套和定位环的形式、直径尺寸和长度尺寸选择有1处不合理						
		C	浇口套和定位环的形式、直径尺寸和长度尺寸选择有2～3处不合理						
		D	浇口套和定位环的形式、直径尺寸和长度尺寸选择有4～5处不合理						
		E	差或未答题						
2　浇口套、定位环和定位螺钉的装配	8	A	浇口套、定位环和定位螺钉的装配完全正确						
		B	浇口套、定位环和定位螺钉的位置及装配关系有1处错误						
		C	浇口套、定位环和定位螺钉的位置及装配关系有2处错误						
		D	浇口套、定位环和定位螺钉的位置及装配关系有3～4处错误						
		E	差或未答题						
3　零件的局部修改	8	A	浇口套、定模座板和定模仁的修改完全正确						
		B	浇口套、定模座板、定模板和定模仁的修改有1处错误						
		C	浇口套、定模座板、定模板和定模仁的修改有2～3处错误						
		D	浇口套、定模座板、定模板和定模仁的修改有4～6处错误						
		E	差或未答题						
合计配分	25		合计得分						

等级	A（优）	B（良）	C（尚可）	D（较差）	E（差或未答题）
比值	1.0	0.8	0.6	0.2	0

“评价要素”得分＝配分×等级比值。

二、简单注塑模具非标准零件设计（试题代码：2.2.1；考核时间：60 min）

1. 试题单

（1）操作条件

1）台式计算机。

2）三维设计软件（Pro/E Wildfire 4.0＋EMX 5.0 或 UG NX 6.0＋MoldWizard 4.0）。

3）二维设计软件（AutoCAD 2007）。

4）AutoCAD 模板文件（在 Pro/E 环境中名称为 ProE \ 2 _ 2 _ 1 \ AutoCAD 模板文件 \ A3. dwg，在 UG 环境中名称为 UG \ 2 _ 2 _ 1 \ AutoCAD 模板文件 \ A3. dwg）。

5）AutoCAB 矢量字库文件（在 Pro/E 环境中名称为 ProE \ 2 _ 2 _ 1 \ AutoCAD 矢量字库文件 \ hztxt. shx，在 UG 环境中名称为 UG \ 2 _ 2 _ 1 \ AutoCAD 矢量字库文件 \ hztxt. shx）。

（2）操作内容

图 2.2.1 _ 1 所示的塑件三维模型，其材料为 ABS，收缩率范围为 0.4%～0.7%，属大批量生产。

图 2.2.1 _ 1　塑件三维模型

请根据给定的三维模型（在 Pro/E 环境中三维模型目录为 ProE \ 2 _ 2 _ 1 \ mfg0001. mfg，在 UG 环境中三维模型目录为 UG \ 2 _ 2 _ 1 \ HF1. prt）完成如下的操作：

1）设计要求。利用三维设计软件，在给定的三维型芯模型中，完成如图 2.2.1 _ 2 所示的直通式冷却水道和推杆孔的结构设计。

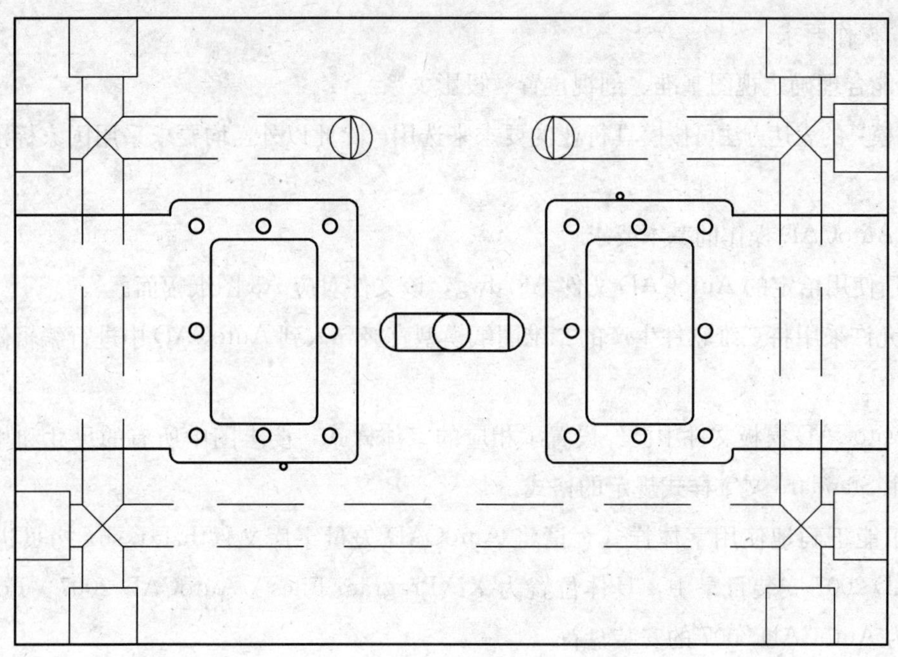

图 2.2.1_2　冷却系统和推杆孔位置示意图

2）二维工程图要求

a. 将已经完成直通式冷却水道和推杆孔的结构设计的三维型芯模型，生成符合国家标准的二维零件工程图。

b. 二维工程图必须能表达出该型芯的总体结构和工作原理。

c. 二维工程图采用适当的视图个数，清楚地表达出各特征的结构及形状。

注：型芯的直通式冷却水道结构，允许采用不可见（虚线）的表达方法，其他结构均采用剖切的方法来表达。

d. 合理选择此型芯零件的材料、热处理要求及其他相关技术要求，并将这些内容标注在二维零件工程图上。

e. 完整地标注型芯零件的所有定位、定形尺寸。

f. 填写标题栏

比例：考生设定的合适的比例。

制图：考生的姓名。

（3）操作要求

1）能合理确定视图基准、剖视位置、投影关系。

2）模具的表达方法可按模具行业的要求来选用，除此以外，均要求采用国家标准的有关内容。

3）AutoCAD 操作的基本要求

a. 请使用给定的 AutoCAD 文件 A3. dwg，该文件对应 A3 图纸幅面。

b. 允许采用将三维软件生产的二维图纸模型直接导入到 AutoCAD 中进行编辑修改的操作模式。

c. AutoCAD 模板文件中已经设置了相应的字体样式，要求图中所有的尺寸和相关文字标注使用 Standard 文字样式规定的格式。

为了能正确地使用字体样式，请将 AutoCAD 矢量字库文件 hztxt. shx 拷贝进相应的 AutoCAD 2007 安装目录中，具体位置为 X:\Program Files \ AutoCAD 2007 \ Fonts（其中，X 为 AutoCAD 2007 的安装盘符）。

d. 根据如下要求，在不同的图层上绘制不同的线条：

中心线绘制在 Center 层上；

剖面线绘制在 Hat 层上；

虚线绘制在 Dashed 层上；

尺寸标注及其他技术要求绘制在 Dimension 层上；

细实线、波浪线和文字绘制在 Text 层上；

粗实线绘制在 0 层上。

e. 根据零件的实际大小，设置合适的图形绘制比例，将二维视图绘制在 A3. dwg 文件限定的范围内。

f. 要求在执行［Zoom］－［All］后存盘。完成的二维装配图文件改名保存为：准考证号 _ 1 _ 1 _ 1. dwg。

文件名命名规则：准考证号＋“ _ ”＋题号＋“. ”＋后缀名。

例如：准考证号为 0231796，题号为 1 _ 1 _ 1，绘制的二维装配图文件后缀名为“dwg”，则本文件的命名为 0231796 _ 1 _ 1 _ 1. dwg。

2. 评分表

<table>
<tr><td colspan="2">试题代码及名称</td><td colspan="3">2.2.1 简单注塑模具非标准零件设计</td><td colspan="3">考核时间</td><td colspan="3">60 min</td></tr>
<tr><td colspan="2" rowspan="2">评价要素</td><td rowspan="2">配分</td><td rowspan="2">等级</td><td rowspan="2">评分细则</td><td colspan="5">评定等级</td><td rowspan="2">得分</td></tr>
<tr><td>A</td><td>B</td><td>C</td><td>D</td><td>E</td></tr>
<tr><td rowspan="5">1</td><td rowspan="5">冷却水道及推杆孔设计</td><td rowspan="5">10</td><td>A</td><td>冷却水道和推杆孔的位置、形状和尺寸设计完全合理</td><td rowspan="5"></td><td rowspan="5"></td><td rowspan="5"></td><td rowspan="5"></td><td rowspan="5"></td><td rowspan="5"></td></tr>
<tr><td>B</td><td>冷却水道和推杆孔的位置、形状和尺寸设计有1处不合理</td></tr>
<tr><td>C</td><td>冷却水道和推杆孔的位置、形状和尺寸设计有2处不合理</td></tr>
<tr><td>D</td><td>冷却水道和推杆孔的位置、形状和尺寸设计有3～4处不合理</td></tr>
<tr><td>E</td><td>差或未答题</td></tr>
<tr><td rowspan="5">2</td><td rowspan="5">零件的二维图绘制</td><td rowspan="5">15</td><td>A</td><td>二维图的视图个数、剖切形式、对应关系及尺寸标注等较为合理</td><td rowspan="5"></td><td rowspan="5"></td><td rowspan="5"></td><td rowspan="5"></td><td rowspan="5"></td><td rowspan="5"></td></tr>
<tr><td>B</td><td>二维图的视图个数、剖切形式、对应关系及尺寸标注等有1～3处不合理</td></tr>
<tr><td>C</td><td>二维图的视图个数、剖切形式、对应关系及尺寸标注等有4～6处不合理</td></tr>
<tr><td>D</td><td>二维图的视图个数、剖切形式、对应关系及尺寸标注等有9～12处不合理</td></tr>
<tr><td>E</td><td>差或未答题</td></tr>
<tr><td colspan="2">合计配分</td><td>25</td><td colspan="7">合计得分</td><td></td></tr>
</table>

等级	A（优）	B（良）	C（尚可）	D（较差）	E（差或未答题）
比值	1.0	0.8	0.6	0.2	0

“评价要素”得分＝配分×等级比值。

模具总体设计

一、标准模架选用与装配（试题代码：3.1.1；考核时间：120 min）

1. 试题单

（1）操作条件

1）台式计算机。

2）三维设计软件：Pro/E Wildfire 4.0＋EMX 5.0 或 UG NX 6.0＋MoldWizard 4.0。

（2）操作内容

1）根据给定的模仁三维模型（在 Pro/E 环境中其三维模型目录为 ProE\3_1_1\mfg001.asm，在 UG 环境中其三维模型目录为 UG\3_1_1\gai_stp.prt）选择合适的标准模架。

a. 在 Pro/E 环境中，新建总装配三维模型文件 KS.asm，并在该文件中进行装配操作；在 UG 环境中，打开已有装配文件 gai_stp_top_000.prt，并在该文件中进行装配操作。

b. 请在模架库中选择 FUTABA 公司的 futaba_s（SC-Type）型号的模架。

c. 请在答题卷上相应位置选择最为合适的模架系列。

d. 请在答题卷上相应位置选择最为合适的 A，B 和 C 板的高度。

e. 根据模仁切出型腔切口（动模侧预载入距离设为 1 mm）。

注：模仁部分组件名称在 Pro/E 中为 mfg001.asm，UG 中为 gai_stp.prt。

2）将 1）中选取的标准模架与模仁进行装配。

3）完成三维装配模型的调整。

a. 对模框的型腔切口相应部分打模仁安装避开孔（大小设为 φ12 mm）。

b. 在推板和动模座板之间加入四个限位钉（垃圾钉）。

（3）操作要求

1）按照图样要求，完成上述设计。

2）设计过程中：

a. 能合理选择模架的结构形式及尺寸系列。

b. 能合理选择 A，B 和 C 板的高度。

c. 能在装配过程中正确考虑模架与模仁的装配关系和模架各零件的位置尺寸等。

d. 能在装配模型中合理切出型腔切口，并在相应部分打出模仁安装避开孔。

e. 能在推板和动模座板之间合理加入限位钉。

f. 能在模架的装配调整过程中考虑模仁的结构形式、模架零件的强度和刚度及模架成本等因素。

注：设计结果放在文件夹中，文件夹的命名遵从如下规则：考生准考证号码\子文件夹，子文件夹的名称与试题代码相同。

2. 答题卷

根据文件夹“3.1.1 _ 1”给定的模仁三维模型选择合适的标准模架。

（1）模架型号为：

（2）请选择最为合适的模架系列：（　　）。

A. 1515　　　B. 1820　　　C. 5060

（3）请选择最为合适的 A，B 和 C 板的高度：（　　）。

A. 60-60-60　　　B. 30-50-70　　　C. 60-60-30

2. 评分表

<table>
<tr><td colspan="2">试题代码及名称</td><td colspan="3">3.1.1 标准模架选用与装配</td><td colspan="3">考核时间</td><td colspan="3">120 min</td></tr>
<tr><td colspan="2" rowspan="2">评价要素</td><td rowspan="2">配分</td><td rowspan="2">等级</td><td rowspan="2">评分细则</td><td colspan="5">评定等级</td><td rowspan="2">得分</td></tr>
<tr><td>A</td><td>B</td><td>C</td><td>D</td><td>E</td></tr>
<tr><td rowspan="5">1</td><td rowspan="5">模架系列的确定</td><td rowspan="5">10</td><td>A</td><td>模架结构形式及尺寸系列的选择完全合理</td><td rowspan="5"></td><td rowspan="5"></td><td rowspan="5"></td><td rowspan="5"></td><td rowspan="5"></td><td rowspan="5"></td></tr>
<tr><td>B</td><td>模架结构形式及尺寸系列的选择有 1 处不合理</td></tr>
<tr><td>C</td><td>—</td></tr>
<tr><td>D</td><td>模架结构形式及尺寸系列的选择有 2 处不合理</td></tr>
<tr><td>E</td><td>差或未答题</td></tr>
<tr><td rowspan="5">2</td><td rowspan="5">模架的装配与调整</td><td rowspan="5">20</td><td>A</td><td>模架与模仁的装配关系、模架各零件的位置尺寸等完全合理</td><td rowspan="5"></td><td rowspan="5"></td><td rowspan="5"></td><td rowspan="5"></td><td rowspan="5"></td><td rowspan="5"></td></tr>
<tr><td>B</td><td>模架与模仁的装配关系、模架各零件的位置尺寸等有 1 处不合理</td></tr>
<tr><td>C</td><td>模架与模仁的装配关系、模架各零件的位置尺寸等有 2 处不合理</td></tr>
<tr><td>D</td><td>模架与模仁的装配关系、模架各零件的位置尺寸等有 3 处不合理</td></tr>
<tr><td>E</td><td>差或未答题</td></tr>
<tr><td colspan="2">合计配分</td><td>30</td><td colspan="7">合计得分</td><td></td></tr>
</table>

等级	A（优）	B（良）	C（尚可）	D（较差）	E（差或未答题）
比值	1.0	0.8	0.6	0.2	0

“评价要素”得分＝配分×等级比值。

二、创建简单注塑模具的总装配三维模型（试题代码：3.2.1；考核时间：120 min）

1. 试题单

（1）操作条件

1）台式计算机。

2）三维设计软件：Pro/E Wildfire 4.0＋EMX 5.0 或 UG NX 6.0＋MoldWizard 4.0。

（2）操作内容

1）根据给定的注塑模具二维总装图（试题单图纸 3.2.1.pdf），使用模具零件或组件（Pro/E 环境中模具零件或组件的三维模型目录为 ProE \ 3 _ 2 _ 1，UG 环境中模具零件或组件的三维模型目录为 UG \ 3 _ 2 _ 1）完成注塑模具的三维装配模型。

a. 在 Pro/E 环境中，打开总装配三维模型文件 new.asm，并在该文件中进行定模和模仁部分的装配和保存；在 UG 环境中，打开总装配三维模型文件 gai _ stp _ top _ 000.prt，并在该文件中进行定模和模仁部分的装配和保存。

b. 装配时按模板中心对正原则进行装配。

c. 模仁部分组件名称在 Pro/E 中为 mfg0001.asm，在 UG 中为 mr.prt。

d. 其余零件根据注塑模具二维总装图（试题单图纸 3.2.1.pdf）的明细表中零件名称，在模具零件或组件文件夹中按拼音进行对应查找。

e. 水嘴和管塞不作装配要求。

2）检查注塑模具总体装配的静态干涉情况。

a. 可利用三维软件中相关功能进行干涉检查（与螺钉、弹簧、水嘴和管塞发生的干涉除外）。

b. 请将干涉结果写在答题卷上相应位置。

（3）操作要求

1）按照图样要求，完成上述设计。

2）设计过程中：

a. 能使装配完成的注塑模具三维装配模型符合二维图 3.2.1.pdf 中给定的装配关系。

b. 能正确检查总体装配中的零件干涉问题，并将检查结果写在答题卷上。

c. 能对 b. 中检查出的干涉情况进行调整，使之符合注塑模具的结构特点，调整后的装配模型不能有任何干涉（螺钉与螺钉孔之间的干涉除外）。

注：设计结果放在文件夹中，文件夹的命名遵从如下规则：考生准考证号码\子文件夹，子文件夹的名称与试题代码相同。

2. 答题卷

本装配中共有几处不合理的干涉，请将相互干涉的零件组列出如下：

（如零件 1 与零件 2 之间有干涉）

3. 评分表

试题代码及名称		3.2.1 创建简单注塑模具的总装配三维模型			考核时间		120 min			
评价要素		配分	等级	评分细则	评定等级					得分
					A	B	C	D	E	
1	注塑模具总体装配三维建模	20	A	注塑模具各零件的装配关系完全正确						
			B	注塑模具各零件的装配关系有 1～2 处不合理						
			C	注塑模具各零件的装配关系有 3～4 处不合理						
			D	注塑模具各零件的装配关系有 5～7 处不合理						
			E	差或未答题						
2	注塑模具总体装配静态干涉检验	5	A	总体装配静态干涉检验完全正确						
			B	总体装配静态干涉检验有 1 处错误						
			C	总体装配静态干涉检验有 2 处错误						
			D	总体装配静态干涉检验有 3 处错误						
			E	差或未答题						
3	注塑模具总体装配静态干涉调整	5	A	总体装配静态干涉调整完全正确						
			B	总体装配静态干涉调整有 1 处错误						
			C	总体装配静态干涉调整有 2 处错误						
			D	总体装配静态干涉调整有 3 处错误						
			E	差或未答题						
合计配分		30	合计得分							

等级	A（优）	B（良）	C（尚可）	D（较差）	E（差或未答题）
比值	1.0	0.8	0.6	0.2	0

“评价要素”得分＝配分×等级比值。

三、生成简单注塑模具总装配二维图（试题代码：3.3.1；考核时间：120 min）

1. 试题单

（1）操作条件

1）台式计算机。

2）Pro/E Wildfire 4.0 或 UG NX 6.0（含 MoldWizard）三维设计软件。

3）AutoCAD 2007 二维绘图软件。

4）AutoCAD 模板文件：ProE 或 UG \ 3 _ 3 _ 1 \ AutoCAD 模板文件 \ A2. dwg。

5）AutoCAD 矢量字库文件：ProE 或 UG \ 3 _ 3 _ 1 \ AutoCAD 矢量字库文件 \ hztxt. shx。

（2）操作内容

根据素材文件夹中给出的注塑模具总装配三维模型（ProE \ 3 _ 3 _ 1 \ new. asm 或 UG \ 3 _ 3 _ 1 \ gai _ stp _ top _ 000. prt），完成二维总装配图的工程图（其文件名称设为 3 _ 3 _ 1. dwg）。

下表为注塑模具总装配三维模型中所有零件的名称和对应的零件模型名称：

零件名称	数量	国标代号	对应三维模型文件名（ProE）	对应三维模型文件名（UG）
动模座板	1		new _ housing _ 1. prt	gai _ stp _ l _ plate _ 031. prt
螺钉	4	GB/T 70.1 M12×80	new _ screw02. prt	gai _ stp _ bcp _ screw _ 043. prt
弹簧	4		new _ spring _ r01. prt	gai _ stp _ spring _ 194. prt
螺钉	4	GB/T 70.1 M6×30	new _ screw12. prt	gai _ stp _ shcs _ 174. prt
型腔固定板	1		new _ a _ plate1. prt	gai _ stp _ b _ plate _ 040. prt
定模座板	1		new _ topclplate1. prt	gai _ stp _ t _ plate _ 032. prt
螺钉	4	GB/T 70.1 M12×20	new _ screw01. prt	gai _ stp _ tcp _ screw _ 039. prt
螺钉	4	GB/T 70.1 M6×30	new _ screw12. prt	gai _ stp _ shcs _ 173. prt
导套	4	GB/T 4169.4—2006	new _ bush02. prt	gai _ stp _ fm _ gba _ 029. prt
水嘴	4		new _ nipple05. prt	gai _ stp _ connector _ plug _ 177. prt
垫圈	4		new _ o _ ring07. prt	gai _ stp _ o _ ring _ 198. prt
水堵头	8			
导柱	4	GB/T 4169.4—2006	new _ pillar01. prt	gai _ stp _ fm _ gpa _ 045. prt
型芯固定板	1		new _ b _ plate1. prt	gai _ stp _ a _ plate _ 027. prt
垫块	2		new _ risers _ mh1. prt	gai _ stp _ cl _ plate _ 042. prt
顶针	16	2×102 GB/T 4169.1—2006	new _ epincyl301. prt	gai _ stp _ fm _ gba1 _ 044. prt

续表

零件名称	数量	国标代号	对应三维模型文件名（Pro/E）	对应三维模型文件名（UG）
推杆固定板	1		new _ ejepl _ mh1. prt	gai _ stp _ e _ plate _ 038. prt
推板	1		new _ ejbpl _ mh1. prt	gai _ stp _ f _ plate _ 033. prt
螺钉	4	GB/T 68—2000 M5×15	new _ fhscrew04. prt	
垫圈	4		new _ stopdisc01. prt	
复位杆	4	12×95 GB/T 4169. 13—2006	new _ epincyl000. prt	gai _ stp _ fm _ retpin _ 034. prt
螺钉	4	GB/T 70. 1 M6×12	new _ screw14. prt	gai _ stp _ shcs _ 172. prt
浇口套	1	GB/T 4169. 19—2006	new _ sprbush1001. prt	gai _ stp _ mi _ sbs- _ 166. prt
定位圈	1	GB/T 4169. 18—2006	new _ loc _ fh8. prt	gai _ stp _ mi _ lrbs _ 161. prt
型腔	1		co. prt	xq. prt
型芯	1		ca. prt	product. prt
螺钉	4	GB/T 70. 1 M8×16	new _ screw03. prt	gai _ stp _ ej _ screw _ 035. prt
拉料杆	1		new _ epincyl200. prt	gai _ stp _ ej _ pin _ 187. prt

1）根据注塑模具总装配三维模型，在 ProE 或 UG \ 3 _ 3 _ 1 \ AutoCAD 模板文件 \ A2. dwg 的基础上完成二维总装配图的绘制。

a. 二维总装配图必须能表达出该模具的总体结构和工作原理。

b. 二维总装配图必须采用 4 个视图，分别用于表示如下的内容：

主视图用剖切的形式，表达出推出机构，导向机构和部分连接件等的布局和结构（已给出）；

左视图用剖切的形式，表达出浇注系统和部分连接件等未表达清楚的零件的布局和结构（需考生完成）；

用拆卸画法的形式，表示定模部分的结构和布局（已给出）；

用拆卸画法的形式，表示动模部分的结构和布局（已给出）。

2）模具冷却系统的结构，在左视图上可不用表达或允许采用不可见（虚线）的表达方法。

3）弹簧允许采用简化方法来表示。

4）标注模具的总体尺寸。

5）用引线标出所有标准零件和非标准零件的序号。

6）填写标题栏与明细表

a. 请在标题栏中填写如下内容

比例：考生设定的合适比例。

设计：考生的姓名。

b. 请在明细表中填写如下内容

根据装配图中编写的零件序号，在明细表中填写零件的明细信息（只需填写浇口套、导柱、复位杆、顶杆、型芯这五个零件的信息，明细表序号要与引线标出的序号对应）。

（3）操作要求

1）能合理确定视图基准、剖视位置、投影关系。

2）模具的表达方法可按模具行业的要求来选用，除此以外，均要求采用国家标准的有关内容。

3）AutoCAD 操作的基本要求

a. 请使用给定的 AutoCAD 文件 A2. dwg，该文件对应 A2 图纸幅面。

b. 允许采用将三维软件生产的二维图纸模型直接导入到 AutoCAD 中进行编辑修改的操作模式。

c. AutoCAD 模板文件中已经设置了相应的字体样式，要求图中所有的尺寸和相关文字标注使用 Standard 文字样式规定的格式。

为了能正确地使用字体样式，请将 AutoCAD 矢量字库文件 hztxt. shx 拷贝进相应的 AutoCAD 2007 安装目录中，具体位置为：X:\Program Files \ AutoCAD 2007 \ Fonts（其中，X 为 AutoCAD 2007 的安装盘符）。

d. 根据如下要求，在不同的图层上绘制不同的线条：

中心线绘制在 Center 层上；

剖面线绘制在 Hat 层上；

虚线绘制在 Dashed 层上；

尺寸标注及其他技术要求绘制在 DIMENSION 层上；

细实线、波浪线和文字绘制在 Text 层上；

粗实线绘制在 0 层上。

e. 根据零件的实际大小，设置合适的图形绘制比例，将二维视图绘制在 A2. dwg 文件限定的范围内。

f. 要求在执行［Zoom］－［All］后存盘。

完成的二维装配图文件改名保存为：准考证号 _ 3 _ 3 _ 1. dwg。

文件名命名规则：准考证号＋“ _ ”＋题号＋“. ”＋后缀名。

例如：准考证号为 0231796，题号为 1 _ 1 _ 1，绘制的二维装配图文件后缀名为“dwg”，则本文件的命名为 0231796 _ 1 _ 1 _ 1. dwg。

2. 评分表

试题代码及名称		3.3.1 生成简单注塑模具总装配二维图			考核时间			120 min		
评价要素		配分	等级	评分细则	评定等级					得分
					A	B	C	D	E	
1	装配图总体表达方法的正确程度	8	A	机件的表达方法有 1～3 处不合理						
			B	机件的表达方法有 4～6 处不合理						
			C	机件的表达方法有 6～9 处不合理						
			D	机件的表达方法有 9～12 处不合理						
			E	差或未答题						
2	推出机构和导向机构的表达正确程度	8	A	推出机构和导向机构用剖切的方法正确表达，有 1 处不合理						
			B	推出机构和导向机构用剖切的方法正确表达，有 2 处不合理						
			C	推出机构和导向机构用剖切的方法正确表达，有 3～4 处不合理						
			D	推出机构和导向机构用剖切的方法正确表达，有 5～6 处不合理						
			E	差或未答题						
3	部分零件与装配连接件的表达正确程度	8	A	部分零件和连接件在要求的视图中均采用给定的表达方法表达出结构和布局，错 1～2 处						
			B	部分零件和连接件在要求的视图中均采用给定的表达方法表达出结构和布局，错 3～4 处						

续表

<table>
<tr><td colspan="2">试题代码及名称</td><td colspan="2">3.3.1 生成简单注塑模具总装配二维图</td><td colspan="3">考核时间</td><td colspan="3">120 min</td></tr>
<tr><td colspan="2" rowspan="2">评价要素</td><td rowspan="2">配分</td><td rowspan="2">等级</td><td rowspan="2">评分细则</td><td colspan="5">评定等级</td><td rowspan="2">得分</td></tr>
<tr><td>A</td><td>B</td><td>C</td><td>D</td><td>E</td></tr>
<tr><td rowspan="3"></td><td rowspan="3"></td><td rowspan="3"></td><td>C</td><td>部分零件和连接件在要求的视图中均采用给定的表达方法表达出结构和布局，错 5～6 处</td><td rowspan="3"></td><td rowspan="3"></td><td rowspan="3"></td><td rowspan="3"></td><td rowspan="3"></td><td rowspan="3"></td></tr>
<tr><td>D</td><td>部分零件和连接件在要求的视图中均采用给定的表达方法表达出结构和布局，错 7～8 处</td></tr>
<tr><td>E</td><td>差或未答题</td></tr>
<tr><td rowspan="5">4</td><td rowspan="5">零件引线的标注、标题栏和明细表的填写</td><td rowspan="5">6</td><td>A</td><td>零件引线标注、标题栏和明细表填写符合国家标准</td><td rowspan="5"></td><td rowspan="5"></td><td rowspan="5"></td><td rowspan="5"></td><td rowspan="5"></td><td rowspan="5"></td></tr>
<tr><td>B</td><td>零件引线标注、标题栏和明细表填写有 1 处错误</td></tr>
<tr><td>C</td><td>零件引线标注、标题栏和明细表填写有 2～3 处错误</td></tr>
<tr><td>D</td><td>零件引线标注、标题栏和明细表填写有 4～6 处错误</td></tr>
<tr><td>E</td><td>差或未答题</td></tr>
<tr><td colspan="2">合计配分</td><td>30</td><td colspan="7">合计得分</td><td></td></tr>
</table>

等级	A（优）	B（良）	C（尚可）	D（较差）	E（差或未答题）
比值	1.0	0.8	0.6	0.2	0

“评价要素”得分＝配分×等级比值。

模具调试与验收

一、简单注塑模具调试（试题代码：4.1.1；考核时间：60 min）

1. 试题单

（1）背景资料

1）试模给定的成型原材料为 PA66。

2）图 4.1.1_1 为含有气泡缺陷的塑件。

图 4.1.1＿1　含有气泡缺陷的塑件

3）试题单图纸。

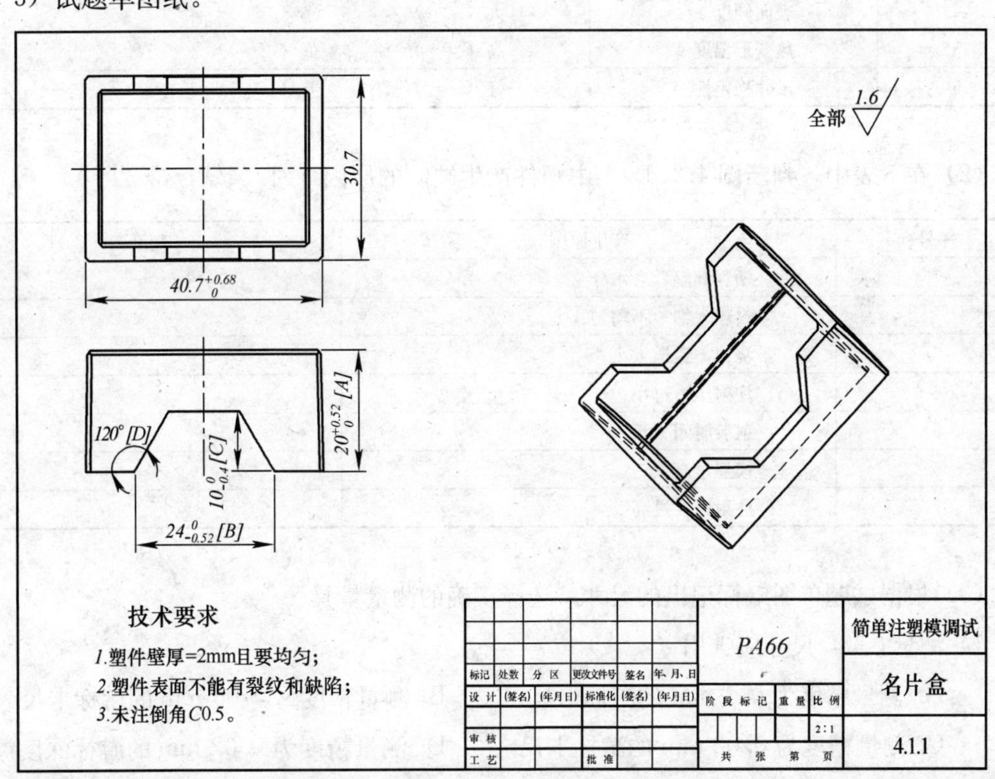

（2）试题要求

1）根据试模给定成型原材料 PA66，勾选出 PA66 所需检查项目的特性。

2）根据图 4.1.1_1，判断出产生气泡缺陷的原因。

3）根据试题单图纸所标记出的［*A*］，［*B*］，［*C*］和［*D*］尺寸，选出适合测量各个尺寸的量具。

2. 答题卷

（1）原料 PA66 特性检查（请对相应特性进行勾选“√”）。

序号	项目	特性	
1	吸水率	较大（　）	较小（　）
2	结晶度	高（　）	低（　）
3	机械强度	高（　）	低（　）
4	表面硬度	大（　）	小（　）
5	热变形温度	高（　）	低（　）
6	尺寸稳定性	好（　）	差（　）

（2）在下表中，判断图 4.1.1_1 中塑件产生缺陷的原因（对“√”，错“×”）。

序号	产生原因	判断
1	塑料潮湿，含水分	
2	料粒太细，不均匀	
3	浇口、流道太小	
4	注射压力过小	
5	射胶时间太长	
6	模温过高	
7	注射速度过高	

（3）根据试题单图纸标记出的尺寸，选择正确的测量量具。

1）测量［*A*］尺寸应选用（　　）。

A. 测量精度为 0.1 mm 的游标卡尺　　B. 测量精度为 0.05 mm 的游标卡尺

C. 测量精度为 0.02 mm 的游标卡尺　　D. 测量精度为 0.02 mm 的游标深度尺

2）测量［*B*］尺寸应选用（　　）。

A. 测量精度为 0.1 mm 的游标卡尺　　B. 测量精度为 0.05 mm 的游标卡尺

C. 测量精度为 0.02 mm 的游标卡尺　　D. 测量精度为 0.02 mm 的游标深度尺

3）测量［C］尺寸应选用（　　）。

A. 测量精度为 0.1 mm 的游标卡尺　　B. 测量精度为 0.05 mm 的游标卡尺

C. 测量精度为 0.02 mm 的游标卡尺　　D. 测量精度为 0.02 mm 的游标深度尺

4）测量［D］尺寸应选用（　　）。

A. 游标深度尺　　B. 游标高度尺

C. 游标卡尺　　D. 游标万能角度尺

3. 评分表

评价要素	配分	得分
1	4	
2	4	
3	2	
合计	10	

二、简单注塑模具验收（试题代码：4.2.1；考核时间：60 min）

1. 试题单

（1）背景资料

1）图 4.2.1＿1 为型芯和型腔的装配示意图。

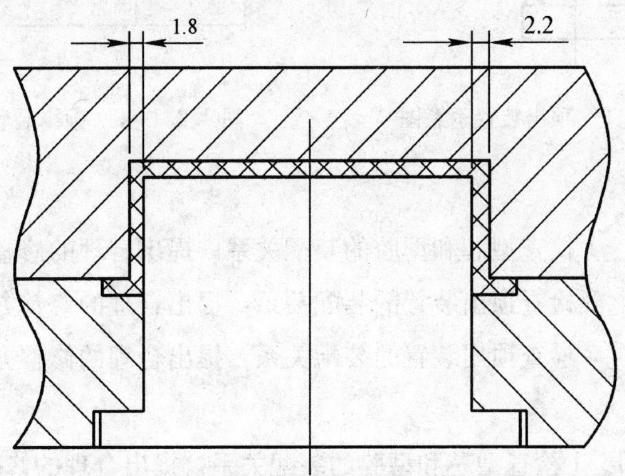

图 4.2.1＿1　型芯和型腔的装配示意图（产品壁厚 t=2.0）

2）图 4.2.1 _ 2 为顶出装置的装配示意图（主视图）。

3）图 4.2.1 _ 3 为顶出装置的装配示意图。

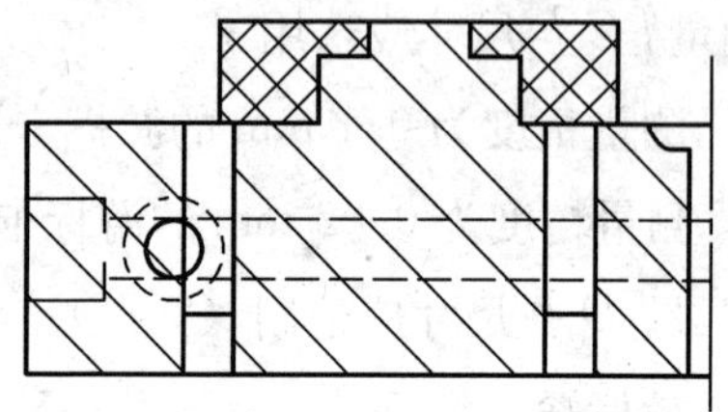

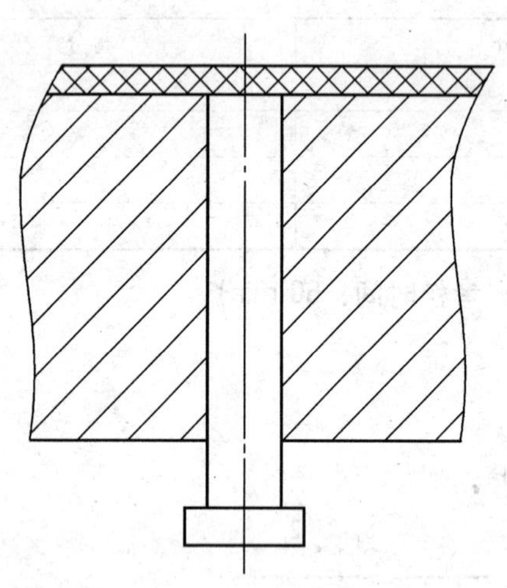

图 4.2.1 _ 2　顶出装置示意图

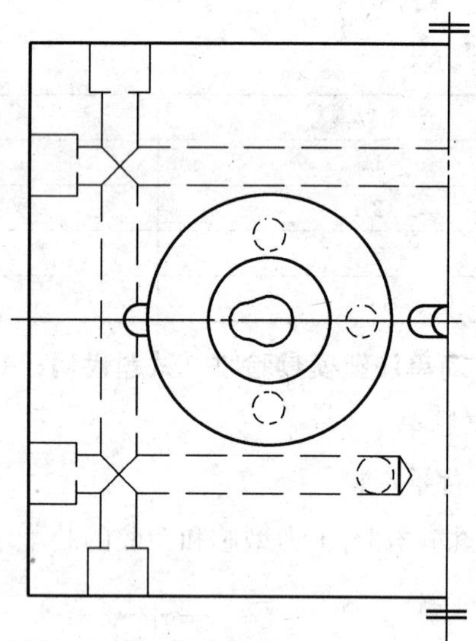

图 4.2.1 _ 3　顶出装置装配示意图

（2）试题要求

1）根据图 4.2.1 _ 1 检查型芯和型腔的装配关系，提出合理的修整方案。

2）根据图 4.2.1 _ 2 检查顶出装置的装配关系，提出合理的修整方案。

3）根据图 4.2.1 _ 3 检查顶出装置的装配关系，提出合理的修整方案。

2. 答题卷

（1）根据图 4.2.1 _ 1 检查型芯和型腔的装配关系，提出合理的修整方案。

(2) 根据图 4.2.1 _ 2 检查顶出装置的装配关系，提出合理的修整方案。

(3) 根据图 4.2.1 _ 3 检查顶出装置的装配关系，提出合理的修整方案。

3. 评分表

评价要素	配分	得分
1	3	
2	3	
3	4	
合计	10	

第 5 部分

理论知识考试模拟试卷及答案

模具设计师（注塑模）（三级）理论知识试卷

注 意 事 项

1. 考试时间：90 min。
2. 请首先按要求在试卷的标封处填写您的姓名、准考证号和所在单位的名称。
3. 请仔细阅读各种题目的回答要求，在规定的位置填写您的答案。
4. 不要在试卷上乱写乱画，不要在标封区填写无关的内容。

	一	二	三	总分
得 分				

得 分	
评分人	

一、判断题（第 1 题～第 40 题。将判断结果填入括号中。正确的填“√”，错误的填“×”。每题 0.5 分，满分 20 分）

1. 是否爱岗敬业是评价模具设计师业务素养的一个指标。（ ）
2. 第一角画法中左视图要画在主视图的右面。（ ）

3. 利用坐标标注时，定义的原点必须与坐标系的原点重合。（　　）

4. 同一基本尺寸，公差等级越高，标准公差数值越小，也即尺寸精确程度越高。（　　）

5. 若采用基孔制，则选择配合的关键是确定孔的基本偏差代号。（　　）

6. 强度是指构件抵抗破坏的能力。（　　）

7. 热处理是将钢在固态下加热到预定温度，保温一定时间，然后以预定方式冷却到室温的一种热加工工艺。（　　）

8. 常用碳素结构钢的牌号表示法是由代表屈服点的字母（Q）、屈服点数值、质量等级符号及脱氧方法符号等四部分组成。（　　）

9. 合金结构钢 40Cr 具有高的抗弯、抗扭疲劳特性，但是韧性较差。（　　）

10. 热固性塑料的废料通常可回收再利用。（　　）

11. 分型面的位置要有利于模具加工、排气、脱模及成型操作，无须考虑塑件的精度和表面质量。（　　）

12. 淬火后中温回火的热处理方法称为调质处理。（　　）

13. 注塑模具调试应先进行调整前检查，在试模过程中进行缺陷的检查、分析，再根据缺陷进行调整。（　　）

14. 在几何造型的同时，在计算机内自动形成零件三维几何模型数据库。（　　）

15. 热塑性塑料的成型工艺特性不包括吸湿性。（　　）

16. 塑件后处理的目的是改善和提高制品的性能和稳定尺寸。（　　）

17. 塑件的表面粗糙度设计只要考虑满足使用要求。（　　）

18. 成型周期时间不包含开模、脱模时间。（　　）

19. 在设计成型杆时，对于直径小且深度较大的孔，一般采取支柱加强措施。（　　）

20. 塑料制品尺寸精度是指所获得的塑料制品与塑料制品图中尺寸的符合程度。（　　）

21. 成型零件的尺寸和制造误差通常依据塑件的尺寸和精度要求以及塑料收缩率等因素来确定。（　　）

22. 所选用注塑机的注射压力应小于成型塑件所需的注射压力。（　　）

23. 注塑模具端面凸台径向尺寸须与定位孔成过盈配合，便于模具安装。（　　）

24. 所设计的模具厚度须在注塑机允许的模具厚度范围之内。（　　）

25. 分型面必须在一个平面内。（　　）

26. 浇口位置应有利于模具排气。（　　）

27. 导向机构主要起导向、定位和承受一定侧压力的作用。（　　）

28. 型腔壁厚的确定与型腔内熔体压力无关。（　　）

29. 垫块的高度与推出机构的推出行程无关。（　　）

30. 在选择注塑模具材料时，应考虑模具各零件的功用等进行选择。（　　）

31. 尺寸标注可以不考虑测量和检验要求。（　　）

32. 型芯强度计算的依据是保证型芯材料不发生破坏。（　　）

33. 注塑模具型芯强度与锁模力有关。（　　）

34. 外圆磨削的尺寸精度可达IT5～IT6。（　　）

35. 电火花加工常用电极材料有铜和石墨。（　　）

36. 穿丝孔的作用为加工凹模时作穿丝用，减少凸模加工中的变形量以及用作电极丝自动找正。（　　）

37. 导柱、导套的尺寸精度、形状精度和表面粗糙度的要求应达到国家标准所规定的各项技术指标。（　　）

38. 装配干涉检验方法分为静态干涉检验、动态干涉检验和运动干涉检验三个层次。（　　）

39. 模具装配图中，零件的序号应按逆时针方向整齐地顺次排序。（　　）

40. 模具试模过程包括试模前检查、试模缺陷分析与调整、试模后的模具验收。（　　）

得　分	
评分人	

二、单项选择题（第1题～第120题。选择一个正确的答案，将相应的字母填入题内的括号中。每题0.5分，满分60分）

1. 职业道德包括两方面的内容：一方面是从事某种职业的人在（　　）中处理各种关系、矛盾的行为准则；另一方面是评价从事某种职业的人职业行为好坏的标准。

A. 生活　　B. 现实生活　　C. 职业生活　　D. 社会生活

2. 关于模具设计师的职业道德要求，以下说法中错误的是（　　）。

A. 能够遵守企业的有关规定　　B. 能够保守企业秘密

C. 不要与人合作　　D. 能够自觉履行各项职责

3. 关于模具设计师的基本职业守则，以下说法中错误的是（　　）。

A. 工作认真，团结合作　　B. 尊重知识产权，严格执行安全保密规程

C. 遵守法律、法规和有关规定　　D. 灵活修改设计标准与工作规范

4. 下列不属于常用的剖切面种类的是（　　）。

A. 单一剖切面　　B. 几个平行的剖切面

C. 几个旋转的剖切面　　D. 几个相交的剖切面

5. 下列说法中错误的是（　　）。

A. 尺寸应尽量避免标注在虚线上

B. 同轴回转体的直径尺寸尽量注在反映轴线的视图上

C. 同一形体的尺寸应尽量集中标注在一个视图上

D. 标准形位公差时，对于同一个被测要素有多项形位公差要求时，不可以在一个指引线上画出多个公差框格

6. 下列属于位置公差的是（　　）。

A. 直线度　　B. 圆度　　C. 平行度　　D. 圆柱度

7. 下列说法中正确的是（　　）。

A. 同一公差等级，基本尺寸越大，标准公差值相应也越大

B. 同一基本尺寸，公差等级越高，标准公差数值越小，也即尺寸精确程度越低

C. 在公差等级中，IT01～IT12 用于非配合尺寸，IT13～IT18 用于配合尺寸

D. 在一般机械中，一般的配合部位用 IT8、IT9

8. 下列说法中正确的是（　　）。

A. 孔的公差带完全在轴的公差带之下，这时任取其中一对孔和轴相配，都称为间隙配合

B. 配合是基本尺寸相同的孔与轴的结合

C. 间隙配合中孔的公差带完全在轴的公差带之下

D. 孔和轴的加工精度越高，其配合精度也越高

9. $\phi 40\,\frac{H7}{g6}$是属于（　　）。

A. 基轴制过盈配合　　B. 基轴制间隙配合

C. 基孔制过盈配合　　D. 基孔制间隙配合

10. 基轴制通常不会应用于下列情况：（　　）。

A. 所用配合的公差等级要求很高

B. 活塞销和孔要求过渡配合

C. 在同一基本尺寸的轴上同时安装几个不同配合性质的孔件时

D. 标准件的外表面与其他零件的内表面配合时

11. 模具标准化对于提高模具设计和制造水平、提高模具质量、（　　）、降低成本、节约材料和采用高新技术，都具有十分重要的意义。

A. 缩短制模周期　　B. 提高工人素质

C. 提高刀具的使用寿命　　D. 提高运输成本

12. 强度是指构件抵抗（　　）的能力。

A. 破坏　　B. 变形　　C. 外力　　D. 爆炸

13. 按照测量方法的不同，硬度不包括（　　）。

A. 布氏硬度　　B. 维式硬度　　C. 洛氏硬度　　D. 微观硬度

14. 热处理的理论基础是（　　）。

A. 加热温度　　B. 冷却方式

C. 钢的组织转变规律　　D. 保温时间

15. 含碳量的增加会使铁碳合金的塑性降低、韧性（　　）、硬度升高。

A. 降低　　B. 增加　　C. 基本不变　　D. 急剧增强

16. 合金元素对淬火钢回火过程的组织变化的影响主要体现在（　　）。

A. 提高钢的回火稳定性、产生二次硬化、影响回火脆性

B. 降低钢的回火稳定性、产生二次硬化、影响回火脆性

C. 提高钢的回火稳定性、消除二次硬化、影响回火脆性

D. 降低钢的回火稳定性、消除二次硬化、提高回火脆性

17. 常用碳素结构钢的牌号表示法不包括（　　）。

A. 代表屈服点的字母　　B. 屈服点的数值

C. 质量等级符号　　D. 含碳量

18. 含锰量较高的优质碳素结构钢牌号表示法为（　　）。

A. 平均含碳量　　B. 含锰量

C. 碳元素符号　　D. 平均含碳量+锰元素符号

19. 塑料是指在常温下具有一定形状，强度较高，受力后能（　　）的聚合物。

A. 不发生形变　　B. 发生形变，但去除外力后又恢复原状

C. 发生一定形变　　D. 力学性能不变

20. 塑料按照热性能分为热固性塑料和（　　）。

A. 树脂　　B. 热塑性塑料　　C. 工程塑料　　D. 特种塑料

21. 下列属于热固性塑料的是（　　）。

A. 聚乙烯　　B. 聚四氟乙烯　　C. 酚醛　　D. 聚苯乙烯

22. 玻璃化温度是大多数塑料成型加工的（　　）温度，也是合理选择塑料的重要依据。

A. 最低　　B. 最高　　C. 平均　　D. 随机

23. 当塑料受热温度超过黏流温度时，塑料开始明显（　　）。

A. 流动　　B. 硬化　　C. 凝固　　D. 出现裂纹

24. 聚合物熔体的流动行为很复杂，成型中熔体的黏度（　　）。

A. 不是一个常数　　B. 是一个常数　　C. 成线性变化　　D. 其他

25. 分子取向会导致塑件顺着分子取向的方向上的力学性能总是（　　）其垂直方向上的。

A. 大于　　B. 小于　　C. 等于　　D. 其他

26. 塑料注射模的结构形式很多，但每副都由（　　）两大部分组成。

A. 左模和右模　　B. 动模和定模　　C. 上模和下模　　D. 前模和后模

27. 注塑模设计过程中估算塑件体积和重量的目的是（　　）。

A. 明确塑件模塑成型的可行性　　B. 选用成型设备和提高设备利用率

C. 明确塑件模塑成型的经济性　　D. 选择成型工艺

28. 型腔的工作尺寸计算中除了下凹模镶块、上凹模镶块尺寸外，还包括（　　）的尺寸计算。

A. 左型芯　　B. 右型芯

C. 凸耳对应的型腔　　D. 型孔之间的中心距

29. 碳素模具钢与优质碳素钢相比有害杂质含量更低，这类钢一般适用于（　　）成型模具。

A. 金属　　B. 普通热固性塑料

C. 普通热塑性塑料　　D. 其他

30. 预硬型模具钢大多数以（　　）为基础，适当加入合金元素制成。

A. 低碳钢　　B. 高碳钢　　C. 中碳钢　　D. 其他

31. 供给模板厂的模板坯料应当是（　　）。

A. 铸造毛坯　　B. 锻造毛坯

C. 轧制毛坯　　D. 精制、标准板坯

32. 导柱零件常用的加工工艺主要有（　　）、磨削工艺和研磨工艺。

A. 镗削工艺　　B. 钻削工艺　　C. 刨削工艺　　D. 车削工艺

33. 模具零件表面粗糙等级与模具类别和零件使用要求有关，一般塑料注射模凸、凹模成型面的表面粗糙度要求为（　　）。

A. 0.1 mm　　B. 0.01 mm　　C. 0.001 mm　　D. 其他

34. 凹模制造工艺过程中工艺阶段的划分和一般机械零件基本相同，可分为（　　）、半精加工、精加工和精饰加工四个阶段。

A. 钻削加工　　B. 粗加工　　C. 刨削加工　　D. 镗削加工

35. 退火的目的是（　　）。

A. 获得珠光体类型的组织　　B. 获得马氏体类型的组织

C. 获得接近平衡状态的组织　　D. 获得铁素体类型的组织

36. 淬硬性是指钢在淬火后形成的马氏体组织的（　　），主要取决于马氏体的含碳量。

A. 强度　　B. 耐磨性　　C. 塑性　　D. 硬度

37. 回火的目的不是（　　）。

A. 彻底消除淬火应力　　B. 减少或消除淬火应力

C. 稳定组织　　D. 提高钢的塑性和韧性

38. 调质处理是指淬火后（　　）。

A. 低温回火　B. 中温回火　C. 高温回火　D. 软化回火

39. 与渗碳件相比，渗氮件具有（　　）。

A. 更高的表面硬度和耐磨性，但是热稳定性不好

B. 更高的表面硬度和耐磨性，热稳定性较好

C. 不高的表面硬度和耐磨性，热稳定性较好

D. 不高的表面硬度和耐磨性，热硬性较好

40. 模具装配后导柱、导套要（　　），导向精度要达到图样要求的配合精度。

A. 垂直于模座　B. 平行于模座　C. 倾斜于模座　D. 其他

41. 下列说法中错误的是（　　）。

A. 线框模型只定义了物体的二维数据

B. 在几何造型的同时，在计算机内自动形成零件三维几何模型数据库

C. 线框模型与二维绘图系统相比，可产生任意视图及任意视点或视向导透视图及轴测图

D. 实体造型技术也称为 3D 几何造型技术

42. 空间枚举法也称（　　）。

A. 空间单元法　B. 空间领域法　C. 空间列举法　D. 空间举例法

43. 下列说法中错误的是（　　）。

A. 基于特征的建模技术是指以特征作为建模的基本元素来描述产品的方法

B. 特征识别是指将几何模型与预定的特征作比较，以确定特征的类型和其他信息

C. 交互式特征定义是属于特征建模模式的一种

D. 交互式特征定义设计师直接将特征库中预定义的特征实例化，以实例特征为基本单元建特征模型

44. 注塑成型是指塑料先在注塑机的加热料筒中加热熔融，而后由柱塞或往复式螺杆将

熔体推挤到闭合模具的（　　）中成型的一种方法。

A. 模腔　　B. 型芯　　C. 浇道　　D. 流道

45. 塑件后处理包括调湿处理和（　　）。

A. 调质处理　　B. 淬火处理　　C. 正火处理　　D. 退火处理

46. 根据注塑装置和合模装置的相对位置可以将注塑机分为卧式注塑机、（　　）、直角式注塑机和多工位注塑机。

A. 立式注塑机　　B. 单工位注塑机　　C. 机械式注塑机　　D. 液压式注塑机

47. 塑件工艺设计的主要内容包括塑件的形状、尺寸、精度、表面质量、壁厚、斜度以及制品上的加强筋、孔、嵌件、（　　）等的设置。

A. 塑件力学性能　　B. 塑件模具　　C. 支撑面　　D. 镶件

48. 塑件的表面粗糙度除了要考虑正常的使用及塑件美观性外，还应考虑（　　）。

A. 塑件尺寸　　B. 模具尺寸　　C. 塑件合格率　　D. 模具制造难度

49. 设计金属嵌件时，其形状（　　）。

A. 可任意设计　　B. 可采用规则形状

C. 尽可能采用对称形状　　D. 尽可能采用不规则形状

50. 在注塑工艺中，最重要的工艺参数是温度、压力和相对应的各个作用时间等，其中作用时间是指（　　）。

A. 注射时间　　B. 保压时间

C. 冷却时间　　D. 注射时间、保压时间及冷却时间

51. 喷嘴温度通常（　　）料筒温度，以防熔体在直通式喷嘴上可能发生的“流涎”现象。

A. 高于　　B. 低于　　C. 等于　　D. 不低于

52. 塑化压力主要依据（　　）而定。

A. 喷嘴温度　　B. 塑料品种　　C. 注塑机种类　　D. 料筒温度

53. 以下哪种方法不能够确定型腔的数目：（　　）。

A. 根据经济性确定　　B. 根据锁模力确定

C. 根据塑件精度确定　　D. 根据塑件尺寸确定

54. 对于深腔薄壁容器且不允许有推杆痕迹的塑件，可采用（　　）推出机构脱模。

A. 侧向　B. 推板　C. 推管　D. 推块

55. 整体式凹模的优点是（　　）。

A. 结构简单　B. 加工工艺性好　C. 便于维修　D. 便于更换

56. 局部镶嵌式凹模是指将（　　）做成镶件，然后嵌入模体的一种组合凹模。

A. 易于磨损的型芯部位　B. 不易于磨损的型芯部位

C. 易于磨损的型腔部位　D. 不易于磨损的型腔部位

57. 关于整体式型芯，以下说法中错误的是（　　）。

A. 型芯和模板可以为一整体　B. 型芯可以嵌入模板

C. 型芯必须是一块材料加工而成的　D. 型芯可以由多块拼块拼接而成

58. 在设计成型杆时，对于（　　）的孔，一般采取支柱加强措施。

A. 直径小　B. 直径小且深度较大

C. 深度大　D. 直径大

59. 以下哪种方式不属于模具电阻加热的形式：（　　）。

A. 电阻丝直接设在模具内

B. 工频感应加热法

C. 电阻丝制成的电热圈

D. 电阻丝组成的加热元件镶嵌在模具加热板内

60. 一般在模板中开设的水道截面为（　　）。

A. 梯形　B. 圆形　C. 椭圆形　D. 矩形

61. 一般结晶型和半结晶型塑料的收缩率比无定形塑料的（　　）。

A. 大　B. 范围窄　C. 波动性小　D. 小

62. 成型零件工作尺寸计算方法有（　　）和公差带法。

A. 平均值法　B. 插值法　C. 迭代法　D. 均方根法

63. 计算收缩率等于模具和塑件在室温下单向尺寸的差除以（　　）的单向尺寸。

A. 模具在室温下　B. 模具在成型温度时

C. 塑件在室温下　D. 塑件在成型温度时

64. 成型零件的尺寸确定与（　　）无关。

A. 采用的塑料　B. 塑件精度要求　C. 成型零件的磨损　D. 塑件粗糙度

65. 关于用平均值法计算型腔深度，计算公式正确的是（　　）。

A. $H_m=[(1-S_{cp})\ h_s+x\Delta]^{+\Delta_m}_{0}$　B. $H_m=[(1-S_{cp})\ h_s-x\Delta]^{+\Delta_m}_{0}$

C. $H_m=[(1+S_{cp})\ h_s+x\Delta]^{+\Delta_m}_{0}$　D. $H_m=[(1+S_{cp})\ h_s-x\Delta]^{+\Delta_m}_{0}$

66. 关于用平均值法计算成型孔中心距，计算公式正确的是（　　）。

A. $H_m=[(1-S_{cp})\ h_s+x\Delta]^{+\Delta_m}_{0}$　B. $H_m=[(1-S_{cp})\ h_s-x\Delta]^{+\Delta_m}_{0}$

C. $H_m=[(1+S_{cp})\ L]\pm\frac{\Delta_m}{2}$　D. $H_m=[(1-S_{cp})\ L]\pm\frac{\Delta_m}{2}$

67. 为了确保塑件质量，注塑模具一次成型的塑料质量最大不应大于最大注塑量的（　　）。

A. 5%　B. 80%　C. 50%　C. 10%

68. 当直射压缸活塞施加给螺杆的最大推力一定时，注射压力由（　　）决定。

A. 所用螺杆直径　B. 油缸内径　C. 模具的温度　C. 塑料的性能

69. 注塑机的合模机构对模具所能施加的最大夹紧力称为（　　）。

A. 锁模力　B. 成型压力　C. 喷射压力　D. 注射压力

70. 设计模具时，模具上的螺纹过孔间距和尺寸必须与（　　）相协调。

A. 螺纹安装孔　B. 定位孔　C. 端面凸台直径　D. 端面凸台高度

71. 全液压式或（　　）的注塑机，开模行程与模具安装高度有关。

A. 机械式和液压式联合作用　B. 全机械式

C. 机械式和气动式联合作用　D. 气动式

72. XS-ZY-125 注塑机中“X”是指（　　）。

A. 成型　B. 塑料　C. 注射　D. 螺杆式注塑机

73. 模具上用以取出塑件和浇注系统凝料的可分离的接触表面通称为（　　）。

A. 切割面　B. 成型面　C. 分型面　D. 分离面

74. 为便于塑件脱模，在选择分型面时应考虑（　　）。

A. 开模时塑件应尽可能留于下模内　B. 开模时塑件应尽可能留于上模内

C. 开模时塑件应尽可能留于定模内　D. 开模时塑件应尽可能留于凸模内

75. 在充模时应使熔融塑料以（　　）和较快的速度充满整个型腔。

A. 较低的表观黏度　　B. 较高的温度

C. 较小的压力　　D. 较大的剪切速率

76. 侧浇口浇注系统模具如果有推板时，则分流道必须做于（　　），拉料杆固定在动模板和定模板内的镶件上。

A. 凸模　　B. 定模　　C. 动模　　D. 凹模

77. 冷却介质总是沿阻力最小的方向流动，因此冷却水路通常（　　）布置。

A. 串联　　B. 并联　　C. 对称　　D. 平衡

78. 由于塑件收缩时包紧型芯，因此脱模力作用位置尽可能（　　）型芯。

A. 远离　　B. 靠近　　C. 高于　　D. 低于

79. 为了尽量减少推出过程中推件板和型芯的摩擦，在推件板与型芯之间应留有（　　）mm 的间隙。

A. 0.1～0.2　　B. 0.2～0.3　　C. 0.3～0.5　　D. 0.5～1

80. 推管的内径与（　　）配合，外径与模板配合，其配合一般均为间隙配合。

A. 型芯　　B. 型腔　　C. 推杆　　D. 垫块

81. 推板与型芯配合面用（　　）配合。

A. 过盈　　B. 过渡　　C. 平面　　D. 锥面

82. 导向零件设计时应考虑（　　）。

A. 型芯的结构　　B. 加工的工艺性　　C. 型腔的结构　　D. 加工机床

83. 对于简单模具的小批量生产，常用的导柱形式为（　　）。

A. 带肩导柱和带头导柱　　B. 推板导柱

C. 带肩导柱　　D. 带头导柱

84. 动模座板的（　　）与成型设备上模具的安装板要相适应。

A. 轮廓尺寸　　B. 固定孔

C. 轮廓尺寸或固定孔　　D. 轮廓尺寸和固定孔

85. 固定板在设计时，应该考虑固定板的（　　）要满足要求。

A. 厚度　　B. 强度　　C. 刚度　　D. 强度和厚度

86. 垫块的高度与推出机构的推出行程之间的关系是（　　）。

A. 没关系　　B. 垫块高度小于推出行程

C. 垫块高度超出推出行程 10～15 mm　　D. 垫块高度超出推出行程 2 mm

87. 选用销钉时，不需要考虑的因素有（　　）。

A. 销钉材料　　B. 销钉连接刚度　　C. 销钉数量　　D. 标准化

88. 选择注塑模具材料时，以下说法中错误的是（　　）。

A. 根据注塑设备选择　　B. 根据塑料特性进行选择

C. 根据模具生产批量选择　　D. 根据模具复杂程度选择

89. 模具零件图的视图选择包括主视图的选择、视图数量的选择和（　　）。

A. 行为公差标注　　B. 技术要求

C. 尺寸标注　　D. 视图表示方法的选择

90. 对于简单、小批量生产的模具，工作零件材料一般选用（　　）。

A. 碳素钢　　B. 合金钢　　C. 铝合金　　D. 钛合金

91. 型腔刚度计算的依据是保证成型过程不发生溢料、保证塑件顺利脱模和（　　）等。

A. 保证塑件的精度要求　　B. 保证塑件强度要求

C. 保证塑件填充满　　D. 保证塑件表面质量

92. 计算型芯强度时，应保证型芯强度（　　）型芯材料的许用应力。

A. 等于　　B. 小于　　C. 不小于　　D. 大于

93. 注塑模具型腔强度与（　　）有关。

A. 型芯材料　　B. 锁模力　　C. 熔体压力　　D. 型芯周长

94. 精车的表面粗糙度 Ra 可达（　　）μm。

A. 1.6～0.8　　B. 1.7～0.5　　C. 2.0～1.6　　D. 1.3～0.5

95. 精刨的尺寸精度可达（　　）。

A. IT7～IT9　　B. IT5～IT6　　C. IT4～IT5　　D. IT3～IT4

96. 坐标磨床不但可以加工精密孔距的圆孔，而且可磨削精密的（　　）。

A. 沟槽　　B. 倒角　　C. 非规则型孔　　D. 平面

97. 平面磨削工艺方法有（　　）、端面磨和导轨磨等。

A. 研磨　　B. 湿磨　　C. 圆周磨　　D. 干磨

98. 镗孔加工可以镗（　　）、锥孔等不同结构与孔径的孔。

A. 圆孔　　B. 三角形孔　　C. 椭圆孔　　D. 方孔

99. 模具制造中常需要铰孔的有（　　）、安装圆形型芯或顶杆等的孔。

A. 销钉孔　　B. 方孔　　C. 椭圆孔　　D. 三角孔

100.（　　）主要用于提高钻孔、铸造与锻造孔的孔径精度。

A. 扩孔　　B. 钻孔　　C. 铰孔　　D. 镗孔

101. 导柱外圆研磨可降低表面粗糙度值，减少其摩擦系数并能（　　）。

A. 加工出表面所需曲面　　B. 加工出表面所需沟槽

C. 加工出表面所需花纹　　D. 提高其配合精度

102. 常用电极的结构形式有（　　）、镶拼式和多电极式。

A. 整体式　　B. 高速钢式

C. 硬质合金式　　D. 铝合金式

103.（　　）＝型腔图样上名义尺寸±系数×电极单边缩放量。

A. 电极总高度尺寸　　B. 电极水平尺寸

C. 型腔实际尺寸　　D. 凸凹模刃口配合间隙

104. 粗加工时应优先考虑采用较宽的（　　）。

A. 峰值电流　　B. 冲油压力　　C. 放电间隙　　D. 脉冲宽度

105. 电火花线切割加工是利用移动的细铜丝或钼丝作（　　），对工件进行脉冲火花放电、切割成型。

A. 型芯　　B. 电极　　C. 模具　　D. 型腔

106. 在切割凸模时穿丝孔尽量钻在余料上，不直接从坯料外边切入，以免（　　）。

A. 产生锥度　　B. 产生应力变形

C. 产生磨损　　D. 降低表面加工质量

107. 电火花线切割加工中，走丝速度、（　　）、预置进给速度等都会影响加工精度。

A. 电极丝张力大小　　B. 示波器类型

C. 机床工作液箱大小　　D. 工作液循环装置中管道的粗细

108. 穿丝孔的作用为加工凹模时作穿丝用，（　　）以及用作电极丝自动找正。

A. 增加凸模加工中的变形量　　B. 减少凸模加工中的变形量

C. 改进零件表面质量　　D. 提高走丝速度

109.（　　）浇注系统较长，故它很少用于大型制品或流动性较差的塑料成型。

A. 二板模模架　　B. 三板模模架

C. 四板模模架　　D. 简化三板模模架

110. 模架装配主要是将导柱、导套装入（　　）和复位杆的调整。

A. 注塑机　　B. 型芯　　C. 模板　　D. 型腔

111. 自上而下装配法中，约束包括与其他部件的连接约束和（　　）。

A. 对该零部件特征的简单约束　　B. 装配体对零部件的约束

C. 零部件对装配体的约束　　D. 其他部件之间的连接约束

112.（　　）属于碰撞检验，为产品的可装配性提供依据。

A. 静态干涉检验　　B. 动态干涉检验　　C. 运动干涉检验　　D. 装配干涉检验

113. 模具装配图中，横向的剖视图在（　　）。

A. 动模排位图的下方　　B. 定模排位图的下方

C. 动模排位图的上方　　D. 定模排位图的上方

114. 模具装配图明细表设有名称、（　　）、材料、数量及备注等栏。

A. 公差　　B. 规格尺寸　　C. 粗糙度　　D. 热处理

115. 对于同一规格、均匀分布的螺栓、螺母等连接件或相同的零件组，允许只画一个或一组，其余用（　　）或轴线表示其位置。

A. 中心线　　B. 实心线　　C. 虚线　　D. 轮廓线

116. 属于模具总装图上技术要求内容的是（　　）。

A. 表面粗糙度　　B. 公差与配合

C. 形位公差　　D. 动定模的脱模斜度

117. 试模材料检查应首先（　　），其次了解塑料的塑化及成型工艺参数，最后分析落实成型材料能否满足塑料制件的要求。

A. 进行材料的力学性能测试

B. 了解材料的种类、规格、组成、性能特点等原料性能资料

C. 进行材料的硬度性能测试

D. 进行材料的弯曲性能测试

118. 模具试模过程包括（　　）、试模缺陷分析与调整、试模后的模具验收。

A. 模架的选择　　B. 冷却系统的设计

C. 试模前检查　　D. 型腔材料的选择

119. 模具调试过程中应记录在试模过程中出现的异常现象及（　　），这是模具调整及确定成型工艺条件的重要依据。

A. 导柱的材料　　B. 成型条件变化状况

C. 塑件产品图　　D. 模板的材料

120. 出现主流道黏模可采取（　　）、适当延长冷却时间、为主流道增加冷料穴等措施。

A. 适当提高主流道光洁度　　B. 增加注射压力

C. 减小主流道斜度　　D. 增加料温

三、多项选择题（第 1 题～第 20 题。选择一个以上正确的答案，将相应的字母填入题内的括号中。每题 1 分，满分 20 分）

1. 职业道德包括的内容有（　　）。

A. 从事某种职业的人在职业生活中处理各种关系、矛盾的行为准则

B. 从事某种职业的人在生活中处理各种关系、矛盾的行为准则

C. 从事某种职业的人在生活中的道德准则

D. 评价从事某种职业的人职业行为好坏的标准

E. 评价从事某种职业的人社会行为好坏的标准

2. 画局部剖视图时应注意（　　）。

A. 对剖切位置明显的局部剖视图，必须标注

B. 同一视图中不宜采用过多的局部剖视图

C. 局部剖视图中一般采用波浪线作为剖视图和视图的分界线

D. 局部剖视图中也可用折线作为剖视图和视图的分界线

E. 局部剖视图中剖视图和视图的分界线可以在穿通的孔或槽中连起来

3. 下列属于形状公差的是（　　）。

A. 直线度　　B. 同轴度　　C. 倾斜度　　D. 对称度　　E. 圆柱度

4. 下列说法中错误的是（　　）。

A. 同一公差等级，基本尺寸越大，标准公差值相应也越大

B. 同一基本尺寸，公差等级越高，标准公差数值越小，也即尺寸精确程度越低

C. 在公差等级中，IT01～IT12 用于非配合尺寸，IT13～IT18 用于配合尺寸

D. 在一般机械中，一般的配合部位用 IT8、IT9

E. 在选用公差等级时，通常孔比轴低一级

5. 模具标准化对于（　　）都具有十分重要的意义。

A. 缩短制模周期　　B. 提高模具设计和制造水平

C. 提高工人素质　　D. 降低成本

E. 提高模具质量

6. 关于强度的概念，以下说法中错误的是（　　）。

A. 强度是指构件抵抗破坏的能力

B. 强度是指构件抵抗塑性变形的能力

C. 强度是指构件抵抗变形的能力

D. 抗拉强度是指构件抵抗破坏的能力

E. 屈服强度是指构件抵抗破坏的能力

7. 碳素模具钢与优质碳素钢相比有害杂质含量更低，这类钢一般不适用于（　　）成型模具。

A. 金属　　B. 普通热固性塑料　　C. 普通热塑性塑料

D. 玻璃　　E. 其他

8. 计算机对几何模型的表示模式，按其复杂程度，一般分为（　　）。

A. 线框　　B. 特征　　C. 曲面　　D. 实体　　E. 表面

9. 根据注塑装置和合模装置的相对位置可以将注塑机分为（　　）和多工位注塑机。

A. 卧式注塑机　　B. 机械式注塑机　　C. 立式注塑机

D. 液压式注塑机　　E. 直角式注塑机

10. 塑件工艺设计的主要内容包括（　　）。

A. 塑件的形状和尺寸　B. 塑件的精度　C. 制品上的加强筋

D. 嵌件　E. 镶件

11. 影响塑料制品精度的因素有（　　）。

A. 模具的制造精度及磨损程度　B. 塑料收缩率的波动　C. 成型工艺参数

D. 模具的结构　E. 塑料制品的结构形状

12. 注塑机的最大注射量是指（　　）作一次最大注射行程（S）时，注射系统所能达到的最大注射量。

A. 注射螺杆　B. 拉杆　C. 柱塞　D. 喷嘴　E. 导块

13. 注塑机的技术参数有（　　）。

A. 最大注射量　B. 塑化能力　C. 注射压力　D. 注射速度　E. 锁模力

14. 导向机构的作用有（　　）。

A. 导向　B. 定位　C. 施加锁模力

D. 承受一定的侧向压力　E. 顶出

15. 型腔壁厚的确定与（　　）有关。

A. 模具材料　B. 型腔侧壁长度　C. 塑料种类

D. 熔体压力　E. 模具材料的抗拉强度

16. 注塑模具材料应具有（　　）。

A. 良好的力学性能　B. 优异的热传导性　C. 优异的热性能

D. 适宜的加工性能　E. 优异的电磁性

17. 注塑模具工作零件材料一般选用（　　）。

A. 铝合金　B. 模具钢　C. 合金钢　D. 镁合金　E. 碳素钢

18. 装配关系是建立（　　）之间约束关系的关键。

A. 零件　B. 部件　C. 元件　D. 组件　E. 装配件

19. 模具装配图的内容包括（　　）。

A. 模具的全部结构和必要的尺寸　B. 推杆列表

C. 零件编号、标题栏和更改栏　D. 冷却水路轴侧示意图

E. 明细表

20. 试模过程中应注意检查塑件的（　　）、裂纹等缺陷。

A. 外形　　B. 后续处理　　C. 尺寸变化情况

D. 是否有飞边　　E. 气泡

模具设计师（注塑模）（三级）理论知识试卷答案

一、判断题（第 1 题～第 40 题。将判断结果填入括号中。正确的填“√”，错误的填“×”。每题 0.5 分，满分 20 分）

1. √　2. √　3. ×　4. √　5. ×　6. √　7. √　8. √　9. ×
10. ×　11. ×　12. ×　13. √　14. √　15. ×　16. √　17. ×　18. ×
19. √　20. √　21. √　22. ×　23. ×　24. √　25. ×　26. √　27. √
28. ×　29. ×　30. √　31. ×　32. √　33. ×　34. √　35. √　36. √
37. √　38. √　39. ×　40. √

二、单项选择题（第 1 题～第 120 题。选择一个正确的答案，将相应的字母填入题内的括号中。每题 0.5 分，满分 60 分）

1. C　2. C　3. D　4. C　5. D　6. C　7. A　8. B　9. D
10. A　11. A　12. A　13. D　14. C　15. A　16. A　17. D　18. D
19. C　20. B　21. C　22. A　23. A　24. A　25. A　26. B　27. B
28. C　29. C　30. C　31. D　32. D　33. A　34. B　35. C　36. D
37. A　38. C　39. B　40. A　41. A　42. A　43. D　44. A　45. D
46. A　47. C　48. D　49. C　50. D　51. B　52. B　53. D　54. B
55. A　56. C　57. D　58. B　59. B　60. B　61. A　62. A　63. C
64. D　65. D　66. C　67. B　68. A　69. A　70. A　71. B　72. A
73. C　74. A　75. A　76. D　77. A　78. A　79. B　80. A　81. D
82. B　83. D　84. D　85. D　86. C　87. B　88. A　89. D　90. A
91. A　92. B　93. A　94. A　95. A　96. C　97. C　98. A　99. A
100. A　101. D　102. A　103. B　104. D　105. B　106. B　107. A　108. B
109. B　110. C　111. A　112. B　113. B　114. B　115. A　116. D　117. B
118. C　119. B　120. A

三、多项选择题（第 1 题～第 20 题。选择一个以上正确的答案，将相应的字母填入题内的括号中。每题 1 分，满分 20 分）

1. AD	2. BCD	3. AE	4. BCD	5. ABDE
6. BCE	7. ABD	8. ADE	9. ACE	10. ABCD
11. ABCDE	12. AC	13. ABCDE	14. ABD	15. ABD
16. ACD	17. BCE	18. ABCD	19. ABCDE	20. ACDE

第 6 部分

操作技能考核模拟试卷

注 意 事 项

1. 考生根据操作技能考核通知单中所列的试题做好考核准备。

2. 请考生仔细阅读试题单中具体考核内容和要求，并按要求完成操作或进行笔答或口答，若有笔答请考生在答题卷上完成。

3. 操作技能考核时要遵守考场纪律，服从考场管理人员指挥，以保证考核安全顺利进行。

注：操作技能鉴定试题评分表及答案是考评员对考生考核过程及考核结果的评分记录表，也是评分依据。

国家职业资格鉴定

模具设计师（注塑模）（三级）操作技能考核通知单

姓名：

准考证号：

考核日期：

试题 1

试题代码：1.1.1。

试题名称：简单注塑件的工艺分析与计算。

考核时间：60 min。

配分：10 分。

试题 2

试题代码：1.2.1。

试题名称：简单注塑模具的结构布局设计。

考核时间：60 min。

配分：25 分。

试题 3

试题代码：2.1.1。

试题名称：标准零件选用与建模。

考核时间：60 min。

配分：25 分。

试题 4

试题代码：3.1.1。

试题名称：标准模架选用与装配。

考核时间：120 min。

配分：30 分。

试题 5

试题代码：4.1.1。

试题名称：简单注塑模具调试。

考核时间：60 min。

配分：10 分。

模具设计师（注塑模）（三级）操作技能鉴定

试　题　单

试题代码：1.1.1。

试题名称：简单注塑件的工艺分析与计算。

考核时间：60 min。

1. 背景资料

该塑件材料为 ABS，属大批量生产，其产品图如图 1.1.1 _ 1 所示（其二维工程图为素材文件夹中的试题单图纸 1.1.1. pdf，在 Pro/E 环境中三维模型目录为 ProE \ 1 _ 1 _ 1 \ gai. prt；在 UG 环境中三维模型目录为 UG \ 1 _ 1 _ 1 \ gai. prt）。

图 1.1.1 _ 1　塑件产品图

2. 试题要求

请在答题卷上完成下述内容的工艺分析与计算。

根据图 1.1.1 _ 1 所示的塑件产品，并利用本试题附带的“附录：参考文献”中的资料完成如下任务：

（1）进行塑件的原材料分析。

1）材料的种类的选择。

2）从材料的使用性能进行分析。

3）从材料的成型性能进行分析。

（2）根据塑件图和本试题附带的“附录：参考文献”中的资料确定塑件的尺寸精度等级。

（3）根据已给素材利用软件进行塑件的体积和质量计算（取材料密度为 1.10 kg/dm^3）。

3. 附录：参考文献

（1）附录 1：五种塑料的性能对比。

性能 名称	结构性能	使用性能	成型性能	应用范围
PE	线性聚合物，力学性能不高，电绝缘性好，熔点低，印刷性不好	无味、无毒的白色粉末或颗粒，外观呈乳白色；PE 膜透水率低，但透气性较大；拉伸强度较低，抗蠕变性不好，只有耐冲击性能较好，耐热性不高，耐低温性好，电性能十分优异，具有良好的化学稳定性，但耐候性不好	流动性好，吸水率低，PE 制品在冷却过程中易结晶，成型收缩率大	薄膜类制品、注塑制品、中空制品、管材类制品、丝类制品、电缆制品等
PA66	半晶体—晶体材料，具有优良的电绝缘性能、优良的硬度保持性	具有高耐热性、优良的抗风化能力、优良的耐化学性、卓越的韧性和耐疲劳性能、优良的耐磨损和摩擦性能、长时间的热稳定性、卓越的流动特性、优良的加工性能、卓越的耐疲劳性能、高抗冲击性、优良的耐化学性	熔融黏度低、流动性良好，容易产生飞边，成型加工前必须进行干燥处理以吸潮，塑件尺寸变化较大，热稳定性差	汽车/运输用品、电器零件、光栅、纺织品、地毯、家具设备、包装用品、家用产品
PP	线性结构，等规 PP 的结构规整性好，具有高度的结晶性，熔点高，硬度和刚性大，力学性能好	白色蜡状固体，外观比 PE 更透明，更轻；有较好的力学性能，冲击性能在室温以上时较好，在低温时迅速变差；表面硬度和刚性较高，并有良好的表面光泽；有突出的抗弯曲疲劳性能，耐蠕变性好；耐热性能良好，耐低温性差，低温时脆性大，电绝缘性优良，有很高的耐化学腐蚀性	吸水率低，加工前不必干燥，成型收缩率大，在加工时易产生取向；PP 制品要避免出现尖角，以避免引起应力集中	注塑制品、薄膜制品、纤维制品、挤出制品、中空制品等
PS	分子结构不对称，刚性和脆性大，制品易产生内应力，具有很高的透明性	无色透明粒料，制品质硬；透明性好，硬而脆，无延伸性，拉伸至屈服点附近即断裂；冲击强度很小，耐磨性差，耐蠕变性一般；耐热性不好，耐低温性不好，绝缘性优良，可耐适当的电晕放电，耐电弧性好；化学稳定性较好，可耐一般的酸、碱、盐、矿物油等；耐候性不好，不适于长期户外使用	为无定形树脂，无明显熔点，熔融温度范围较宽；热稳定性好，流动性很好，成型收缩率较低；吸水率较低，加工前一般不需干燥；易产生内应力，制品要进行热处理	电器制品、透明制品、日用品、包装材料等

续表

名称＼性能	结构性能	使用性能	成型性能	应用范围
ABS	丙烯腈：耐化学腐蚀性好，表面硬度高 丁二烯：韧性好 苯乙烯：透明性好，着色性好，电绝缘性好，加工性好	不透明呈象牙色的粒料，其制品可着成五颜六色；力学性能优良，冲击强度极好，耐磨性优良，尺寸稳定性好，耐油性好，弯曲强度和压缩强度较差；耐热性和耐低温性能好，电绝缘性较好，化学稳定性好，耐候性差	流动性中等，热稳定性好，吸水性较高，加工前需干燥，加工中易产生内应力，内应力大时要进行退火处理	壳体材料、机械配件、汽车配件

（2）附录2：工程塑料模塑塑件尺寸公差（GB/T 14486—93）。

工程塑料模塑塑件尺寸公差（GB/T14486—93） （单位：mm）

公差等级	公差种类	基本尺寸												
		大于0到3	3`6	6 10	10 14	14 18	18 24	24 30	30 40	40 50	50 65	65 80	80 100	100 120
标注公差的尺寸公差值														
MT1	A	0.07	0.08	0.09	0.10	0.11	0.12	0.14	0.16	0.18	0.20	0.23	0.26	0.29
	B	0.14	0.16	0.18	0.20	0.21	0.22	0.24	0.26	0.28	0.30	0.33	0.36	0.39
MT2	A	0.10	0.12	0.14	0.16	0.18	0.20	0.22	0.24	0.26	0.30	0.34	0.38	0.42
	B	0.20	0.22	0.24	0.26	0.28	0.30	0.32	0.34	0.36	0.40	0.44	0.48	0.52
MT3	A	0.12	0.14	0.16	0.18	0.20	0.24	0.28	0.32	0.36	0.40	0.46	0.52	0.58
	B	0.31	0.34	0.36	0.38	0.40	0.44	0.48	0.52	0.56	0.60	0.66	0.72	0.78
MT4	A	0.16	0.18	0.20	0.24	0.28	0.32	0.36	0.42	0.48	0.56	0.64	0.72	0.82
	B	0.36	0.38	0.40	0.44	0.48	0.52	0.56	0.62	0.68	0.76	0.84	0.92	1.02
MT5	A	0.20	0.24	0.28	0.32	0.38	0.44	0.50	0.56	0.64	0.74	0.86	1.00	1.14
	B	0.40	0.44	0.48	0.52	0.58	0.64	0.70	0.76	0.84	0.94	1.06	1.20	1.34
MT6	A	0.26	0.32	0.38	0.46	0.54	0.62	0.70	0.80	0.94	1.10	1.28	1.48	1.72
	B	0.46	0.52	0.58	0.68	0.74	0.82	0.90	1.00	1.14	1.30	1.48	1.68	1.92
MT7	A	0.38	0.48	0.58	0.68	0.78	0.88	1.00	1.14	1.32	1.54	1.80	2.10	2.40
	B	0.58	0.68	0.78	0.88	0.98	1.08	1.20	1.34	1.52	1.74	2.00	2.30	2.60

续表

公差等级	公差种类	基本尺寸												
		大于0 到3	3 6	6 10	10 14	14 18	18 24	24 30	30 40	40 50	50 65	65 80	80 100	100 120
未注公差的尺寸允许偏差														
MT5	A	±0.10	±0.12	±0.14	±0.16	±0.19	±0.22	±0.25	±0.28	±0.32	±0.37	±0.43	±0.50	±0.57
	B	±0.20	±0.22	±0.24	±0.26	±0.29	±0.32	±0.35	±0.38	±0.42	±0.47	±0.53	±0.60	±0.67
MT6	A	±0.13	±0.16	±0.19	±0.23	±0.27	±0.31	±0.35	±0.40	±0.47	±0.55	±0.64	±0.74	±0.86
	B	±0.23	±0.26	±0.29	±0.33	±0.37	±0.41	±0.45	±0.50	±0.57	±0.65	±0.74	±0.84	±0.96
MT7	A	±0.19	±0.24	±0.29	±0.34	±0.39	±0.44	±0.50	±0.57	±0.66	±0.77	±0.90	±1.05	±1.20
	B	±0.29	±0.34	±0.39	±0.44	±0.49	±0.54	±0.60	±0.67	±0.76	±0.87	±1.00	±1.15	±1.30

公差等级	公差种类	基本尺寸											
		120 140	140 160	160 180	180 200	200 225	225 250	250 280	280 315	315 355	355 400	400 450	450 500
标注公差的尺寸公差值													
MT1	A	0.32	0.36	0.40	0.44	0.48	0.52	0.56	0.60	0.64	0.70	0.78	0.86
	B	0.42	0.46	0.50	0.54	0.58	0.62	0.66	0.70	0.74	0.80	0.88	0.96
MT2	A	0.46	0.50	0.54	0.60	0.66	0.72	0.76	0.84	0.92	1.00	1.10	1.20
	B	0.56	0.60	0.64	0.70	0.76	0.82	0.86	0.94	1.02	1.10	1.20	1.30
MT3	A	0.64	0.70	0.78	0.86	0.92	1.00	1.10	1.20	1.30	1.44	1.60	1.74
	B	0.84	0.90	0.98	1.06	1.12	1.20	1.30	1.40	1.50	1.64	1.80	1.94
MT4	A	0.92	1.02	1.12	1.24	1.36	1.48	1.62	1.80	2.00	2.20	2.40	2.60
	B	0.12	1.22	1.32	1.44	1.56	1.68	1.82	2.00	2.20	2.40	2.60	2.80
MT5	A	1.28	1.44	1.60	1.76	1.92	2.10	2.30	2.50	2.80	3.10	3.50	3.90
	B	1.48	1.64	1.80	1.96	2.12	2.30	2.50	2.70	3.00	3.30	3.70	4.10
MT6	A	2.00	2.20	2.40	2.60	2.90	3.20	3.50	3.80	4.30	4.70	5.30	6.00
	B	2.20	2.40	2.60	2.80	3.10	3.40	3.70	4.00	4.50	4.90	5.50	6.20
MT7	A	2.70	3.00	3.30	3.70	4.10	4.50	4.90	5.40	6.00	6.70	7.40	8.20
	B	3.10	3.20	3.50	3.90	4.30	4.70	5.10	5.60	6.20	6.90	7.60	8.40

续表

公差等级	公差种类	基本尺寸											
		120 140	140 160	160 180	180 200	200 225	225 250	250 280	280 315	315 355	355 400	400 450	450 500
未注公差的尺寸允许偏差													
MT5	A	±0.64	±0.72	±0.80	±0.88	±0.96	±1.05	±1.15	±1.25	±1.40	±1.55	±1.75	±1.95
	B	±0.74	±0.82	±0.90	±0.98	±1.06	±1.15	±1.25	±1.35	±1.50	±1.65	±1.85	±2.05
MT6	A	±1.00	±1.10	±1.20	±1.30	±1.45	±1.60	±1.75	±1.90	±2.15	±2.35	±2.65	±3.00
	B	±1.10	±1.20	±1.30	±1.40	±1.55	±1.70	±1.85	±2.00	±2.25	±2.45	±2.75	±3.10
MT7	A	±1.35	±1.50	±1.65	±1.85	±2.05	±2.25	±2.45	±2.70	±3.00	±3.35	±3.70	±4.10
	B	±1.45	±1.60	±1.75	±1.96	±2.15	±2.35	±2.55	±2.80	±3.10	±3.45	±3.80	±4.20

模具设计师（注塑模）（三级）操作技能鉴定

答　题　卷

考生姓名：　　　　　　　　　　准考证号：

试题代码：1.1.1。

试题名称：简单注塑件的工艺分析与计算。

考核时间：60 min。

1. 塑件的原材料分析

（1）材料的种类的选择：ABS 属于（　　）。

A. 热塑性塑料　　　　　　　B. 热固性塑料

（2）从材料的使用性能进行分析。

（3）从材料的成型性能进行分析。

2. 根据塑件图和本试题附带的“附录：参考文献”中的资料确定塑件的尺寸精度等级。

3. 进行塑件的体积和质量计算（小数点后保留两位，取材料密度为 1.10 kg/dm^3）。

模具设计师（注塑模）（三级）操作技能鉴定

试题评分表及答案

考生姓名：　　　　　　　　　　准考证号：

试题代码：1.1.1。

试题名称：简单注塑件的工艺分析与计算。

考核时间：60 min。

评价要素	配分	得分
1	5	
2	3	
3	2	
合计	10	

考评员（签名）：

参考答案（仅供考评员参考）

1. 塑件的原材料分析（5分）

（1）答案：A。（1分）

（2）从使用性能上看，该塑料是不透明呈象牙色的粒料，其制品可着成五颜六色。力学性能优良，冲击强度极好，耐磨性优良，尺寸稳定性好，耐油性好，弯曲强度和压缩强度较差。耐热性和耐低温性能好，电绝缘性较好，化学稳定性好，耐候性差。（2分）

（3）从成型性能上看，该塑料流动性中等，热稳定性好，吸水性较高，加工前需干燥，加工中易产生内应力，内应力大时要进行退火处理。（2分）

2. 根据塑件图和本试题附带的“附录：参考文献”中的资料确定塑件的尺寸精度等级。（3分）

根据查表可知：塑件的外形尺寸 $37.6^{+0.32}_{0}$ 的公差等级为MT3。

塑件的外形尺寸 $27.6^{+0.28}_{0}$ 的公差等级为MT3。

塑件的外形尺寸 $6^{+0.14}_{0}$ 的公差等级为MT3。

塑件的内形尺寸 $4_{-0.14}^{0}$ 的公差等级为 MT3。

塑件的内形尺寸 $1_{-0.12}^{0}$ 的公差等级为 MT3。

3. 进行塑件的体积和质量计算（小数点后保留两位，取材料密度为 1.10 kg/dm^3）（2 分）

（1）塑件的体积：V=1 636.38 mm^3。（1 分）

（2）塑件的质量：m=1.80 g。（1 分）

模具设计师（注塑模）（三级）操作技能鉴定

试　题　单

试题代码：1.2.1。

试题名称：简单注塑模具的结构布局设计。

考核时间：60 min。

1. 操作条件

（1）台式计算机。

（2）三维设计软件：Pro/E Wildfire 4.0＋EMX 5.0 或 UG NX 6.0＋MoldWizard 4.0。

2. 操作内容

塑件材料为 ABS，其收缩率范围为 0.4%～0.7%，属大批量生产，请根据素材文件夹给定的 gai.prt 三维塑件模型（如图 1.2.1_1 所示，在 Pro/E 环境中其三维模型为 ProE\1_2_1\gai.prt，在 UG 环境中其三维模型为 UG\1_2_1\gai.prt）完成如下设计：

图 1.2.1_1　塑件三维模型

（1）模具设计为一模两腔结构。

（2）请在答题卷上选择工件毛坯合理的尺寸。

（3）请根据简图 1.2.1_2 完成分型面设计。

（4）完成浇注系统设计。

1）对应采用的浇口套外径为 ϕ10 mm。

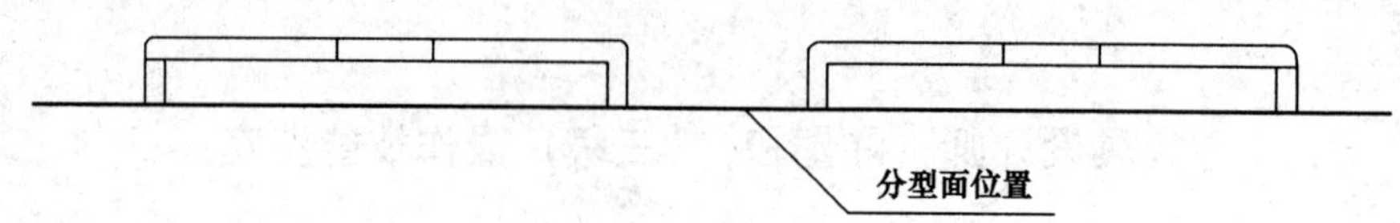

图 1.2.1_2　分型面示意图

2）模仁上的主流道只需开设出与浇口套外形相匹配的孔。

3）其余部分根据简图 1.2.1_3 完成设计。

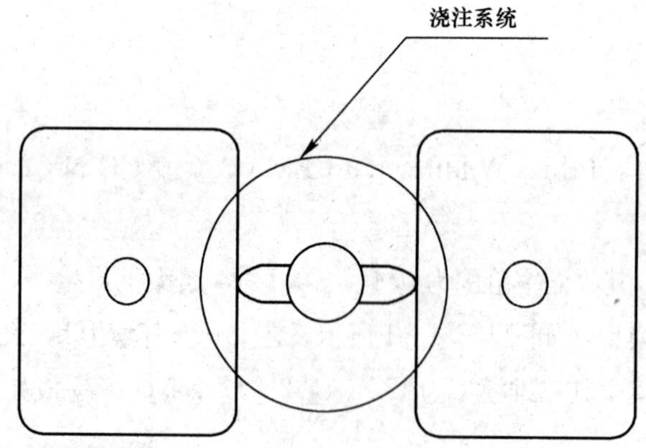

图 1.2.1_3　浇注系统示意图

（5）完成模仁的生成。

3. 操作要求

（1）按照图样要求，完成上述设计。

（2）设计过程中：

1）能正确设置收缩率。

2）能合理布局型腔的排列方式。

3）能合理确定工件毛坯的尺寸和位置。

4）能根据产品的结构特点合理设计分型面。

5）能合理设计浇注系统的布局形式。

注：设计结果放在文件夹中，文件名的命名遵从如下规则：考生准考证号码 \ 子文件夹，子文件夹的名称与试题代码相同。

模具设计师（注塑模）（三级）操作技能鉴定

答　题　卷

考生姓名：　　　　　　　　　　准考证号：

试题代码：1.2.1。

试题名称：简单注塑模具的结构布局设计。

考核时间：60 min。

工件毛坯尺寸合理的是（　　）。

A. 130×90×60（定模仁 30，动模仁 30）

B. 80×60×50（定模仁 30，动模仁 20）

模具设计师（注塑模）（三级）操作技能鉴定

试题评分表及答案

考生姓名：　　　　　　　　准考证号：

试题代码及名称		1.2.1 简单注塑模具的结构布局设计			考核时间					60 min
评价要素		配分	等级	评分细则	评定等级					得分
					A	B	C	D	E	
1	分型面设计	10	A	型腔排列、收缩率、工件尺寸、分型面位置的设定完全合理						
			B	型腔排列、收缩率、工件尺寸、分型面位置的设定有1处不合理						
			C	型腔排列、收缩率、工件尺寸、分型面位置的设定有2～3处不合理						
			D	型腔排列、收缩率、工件尺寸、分型面位置的设定有4～7处不合理						
			E	差或未答题						
2	浇注系统设计	8	A	主流道、分流道、浇口和冷料穴的形状及尺寸设计完全合理						
			B	主流道、分流道、浇口、冷料穴的设计有1～2处不合理						
			C	主流道、分流道、浇口、冷料穴的设计有3～4处不合理						
			D	主流道、分流道、浇口、冷料穴的设计有5～8处不合理						
			E	差或未答题						
3	模仁的生成	4	A	体积块的分割和模具组件的生成完全合理						
			B	体积块的分割和模具组件的生成有1处不合理						
			C	体积块的分割和模具组件的生成有2处不合理						

续表

试题代码及名称		1.2.1 简单注塑模具的结构布局设计		考核时间					60 min
评价要素	配分	等级	评分细则	评定等级					得分
				A	B	C	D	E	
		D	体积块的分割和模具组件的生成有 3 处不合理						
		E	差或未答题						
4 模仁设计合理性判断	3	A	模仁的整体结构设计完全合理						
		B	模仁的整体结构设计有 1～2 处不合理						
		C	模仁的整体结构设计有 3～4 处不合理						
		D	模仁的整体结构设计有 5～8 处不合理						
		E	差或未答题						
合计配分	25		合计得分						

考评员（签名）：

等级	A（优）	B（良）	C（尚可）	D（较差）	E（差或未答题）
比值	1.0	0.8	0.6	0.2	0

“评价要素”得分＝配分×等级比值。

参考答案

1. 参考图纸（仅作参考，不要求考生答案中的尺寸与参考答案完全相同）。

项目名称	参数
分流道直径×长度（mm）	ϕ5×24
浇口尺寸（长×宽×厚）（mm）	0.8×1.2×0.6

2. 浇注系统示意图

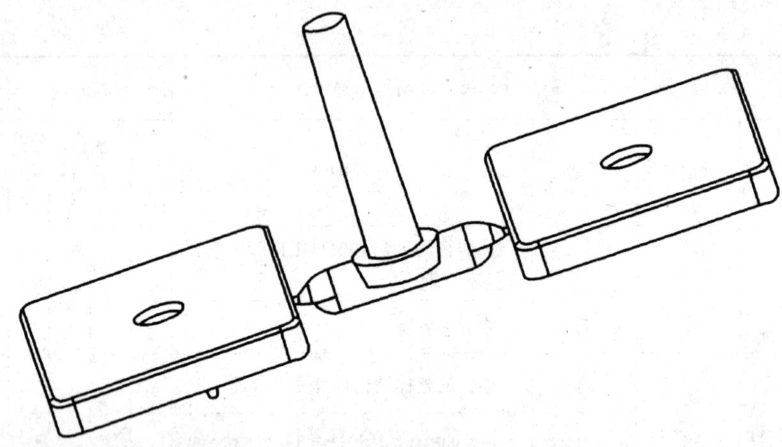

3. 合理性判断的参考要点（仅供考评员参考）

（1）分型面的设计

1）型腔应对称排列，间距应合理；收缩率的设置应该在0.4%～0.7%范围内。

2）确定工件毛坯的尺寸应该考虑塑件的大小及模仁有足够的强度和刚度（答案选A）。

3）分型面的设计应该有利于塑件的脱模与取出、嵌件的安装、模具零件的加工、模具结构简化便于操作、满足质量及精度要求、提高塑件的表面质量、预防飞边及溢料的产生、塑件的成型及模具的制造。

（2）浇注系统的设计

1）主流道：流程尽量短，只需开设出与浇口套配合的外形。

2）分流道：应对称分布，流程尽量短，常采用圆形截面。

3）浇口：采用侧浇口，浇口的宽度在试模后可加深、加宽便于修正，但流程长，易产生气泡，影响塑件质量。

（3）模仁的生成

能够根据分型面的设计结果分割出相应的体积块，并抽取获得模具组件。

模型答案请参考素材库Pro E或UG文件夹“1 _ 2 _ 1”中的内容。

模具设计师（注塑模）（三级）操作技能鉴定

试 题 单

试题代码：2.1.1。

试题名称：标准零件选用与建模。

考核时间：60 min。

1. 操作条件

（1）台式计算机。

（2）三维设计软件：Pro/E Wildfire 4.0＋EMX 5.0 或 UG NX 6.0＋MoldWizard 4.0。

2. 操作内容

（1）请根据给定的三维总装配模型（在 Pro/E 环境中三维模型目录为 ProE\2_1_1\new.asm），UG 环境中三维模型目录为 UG\2_1_1\gai_stp_top_000.prt）和图 2.1.1_1 给定的浇口套和定位环结构形式，进行浇口套和定位环的设计。

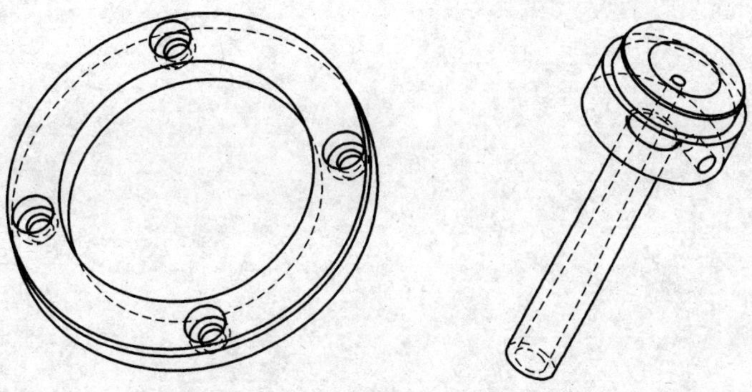

图 2.1.1_1 定位环和浇口套示意图

1）相应的注塑机的定位孔直径为 ϕ100 mm。

2）注塑机的喷嘴内孔直径为 ϕ2 mm，喷嘴头部的球面半径为 R10 mm。

3）主流道的锥角设为 3°。

（2）将浇口套、定位环和定位螺钉装配到注塑模具总装配图的合适位置。

（3）完成定模座板、浇口套和定模仁的局部修改。

3. 操作要求

（1）按照要求，完成上述设计。

（2）设计过程中：

1）能合理选择浇口套和定位环的结构形式与尺寸。

2）能将选择的浇口套、定位环和定位螺钉装配到注塑模具中适当的位置。

3）能根据注塑模具的整体结构合理修改定模座板和浇口套的形状及尺寸。

注：设计结果放在文件夹中，文件夹的命名遵从如下规则：考生准考证号码\子文件夹，子文件夹的名称与试题代码相同。

模具设计师（注塑模）（三级）操作技能鉴定

试题评分表及答案

考生姓名：　　　　　　　　准考证号：

<table>
<tr><td colspan="2">试题代码及名称</td><td colspan="3">2.1.1 标准零件选用与建模</td><td colspan="3">考核时间</td><td colspan="3">60 min</td></tr>
<tr><td colspan="2" rowspan="2">评价要素</td><td rowspan="2">配分</td><td rowspan="2">等级</td><td rowspan="2">评分细则</td><td colspan="5">评定等级</td><td rowspan="2">得分</td></tr>
<tr><td>A</td><td>B</td><td>C</td><td>D</td><td>E</td></tr>
<tr><td rowspan="5">1</td><td rowspan="5">浇口套和定位环的选择</td><td rowspan="5">9</td><td>A</td><td>浇口套和定位环的选择完全合理</td><td rowspan="5"></td><td rowspan="5"></td><td rowspan="5"></td><td rowspan="5"></td><td rowspan="5"></td><td rowspan="5"></td></tr>
<tr><td>B</td><td>浇口套和定位环的形式、直径尺寸和长度尺寸选择有 1 处不合理</td></tr>
<tr><td>C</td><td>浇口套和定位环的形式、直径尺寸和长度尺寸选择有 2～3 处不合理</td></tr>
<tr><td>D</td><td>浇口套和定位环的形式、直径尺寸和长度尺寸选择有 4～5 处不合理</td></tr>
<tr><td>E</td><td>差或未答题</td></tr>
<tr><td rowspan="5">2</td><td rowspan="5">浇口套、定位环和定位螺钉的装配</td><td rowspan="5">8</td><td>A</td><td>浇口套、定位环和定位螺钉的装配完全正确</td><td rowspan="5"></td><td rowspan="5"></td><td rowspan="5"></td><td rowspan="5"></td><td rowspan="5"></td><td rowspan="5"></td></tr>
<tr><td>B</td><td>浇口套、定位环和定位螺钉的位置及装配关系有 1 处错误</td></tr>
<tr><td>C</td><td>浇口套、定位环和定位螺钉的位置及装配关系有 2 处错误</td></tr>
<tr><td>D</td><td>浇口套、定位环和定位螺钉的位置及装配关系有 3～4 处错误</td></tr>
<tr><td>E</td><td>差或未答题</td></tr>
<tr><td rowspan="3">3</td><td rowspan="3">零件的局部修改</td><td rowspan="3">8</td><td>A</td><td>浇口套、定模座板和定模仁的修改完全正确</td><td rowspan="3"></td><td rowspan="3"></td><td rowspan="3"></td><td rowspan="3"></td><td rowspan="3"></td><td rowspan="3"></td></tr>
<tr><td>B</td><td>浇口套、定模座板、定模板和定模仁的修改有 1 处错误</td></tr>
<tr><td>C</td><td>浇口套、定模座板、定模板和定模仁的修改有 2～3 处错误</td></tr>
</table>

续表

试题代码及名称	2.1.1 标准零件选用与建模			考核时间				60 min	
评价要素	配分	等级	评分细则	评定等级					得分
				A	B	C	D	E	
		D	浇口套、定模座板、定模板和定模仁的修改有 4～6 处错误						
		E	差或未答题						
合计配分	25	合计得分							

考评员（签名）：

等级	A（优）	B（良）	C（尚可）	D（较差）	E（差或未答题）
比值	1.0	0.8	0.6	0.2	0

“评价要素”得分＝配分×等级比值。

参考答案

1. 浇口套和定位环的选择

浇口套和定位环的选择应尽量采用通用件，要求结构简单、动作可靠、安装方便、经济适用，且尺寸大小与模具总体装配匹配。

具体结果请参照下图：

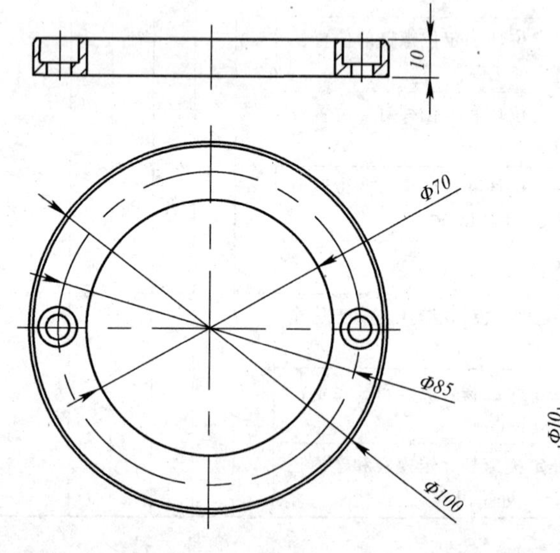

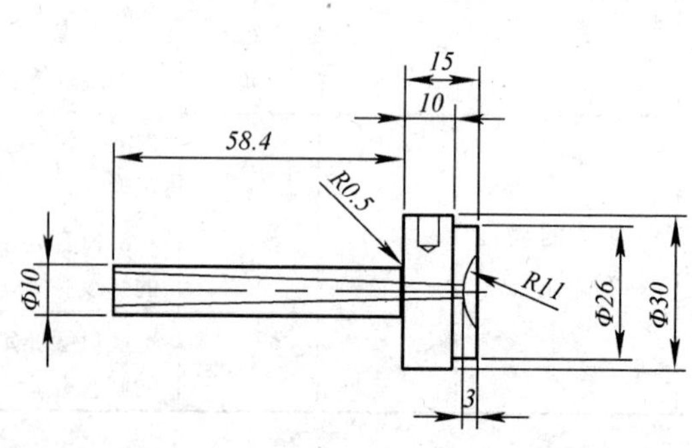

2. 浇口套、定位环和定位螺钉的装配

（1）定位环应装于注塑模总体装配模型中定模座板的中心位置，其超出定模座板上表面的高度在8～10 mm左右。

（2）浇口套应装于定模座板、定模板和模仁的中心位置，其头部底面应与定模座板的下表面重合。

3. 零件的局部修改

主流道的锥角应为3°，浇口套下端部应在与分流道结合处往里凹进至少0.2～0.3 mm或裁剪出与浇注系统吻合的形状。

模型答案请参考文件夹“2_1_1”。

模具设计师（注塑模）（三级）操作技能鉴定

试 题 单

试题代码：3.1.1。

试题名称：标准模架选用与装配。

考核时间：120 min。

1. 操作条件

（1）台式计算机。

（2）三维设计软件：Pro/E Wildfire 4.0＋EMX 5.0 或 UG NX 6.0＋MoldWizard 4.0。

2. 操作内容

（1）根据给定的模仁三维模型（在 Pro/E 环境中其三维模型目录为 ProE \ 3 _ 1 _ 1 \ mfg001. asm，在 UG 环境中其三维模型目录为 UG \ 3 _ 1 _ 1 \ gai _ stp. prt）选择合适的标准模架。

1）在 Pro/E 环境中，新建总装配三维模型 KS. asm，并在该文件中进行装配操作；在 UG 环境中，打开已有装配文件 gai _ stp _ top _ 000. prt，并在该文件中进行装配操作。

2）请在模架库中选择 FUTABA 公司的 futaba _ s（SC-Type）型号的模架。

3）请在答题卷上相应位置选择最为合适的模架系列。

4）请在答题卷上相应位置选择最为合适的 A，B 和 C 板的高度。

5）根据模仁切出型腔切口（动模侧预载入距离设为 1 mm）。

注：模仁部分组件名称在 Pro/E 中为 mfg001. asm，在 UG 中为 gai _ stp. prt。

（2）将（1）中选取的标准模架与模仁进行装配。

（3）完成三维装配模型的调整。

1）对模框的型腔切口相应部分打模仁安装避开孔（大小设为 ϕ12 mm）。

2）在推板和动模座板之间加入四个限位钉（垃圾钉）。

3. 操作要求

（1）按照图样要求，完成上述设计。

（2）设计过程中：

1）能合理选择模架的结构形式及尺寸系列。

2）能合理选择 A，B 和 C 板的高度。

3）能在装配过程中正确考虑模架与模仁的装配关系和模架各零件的位置尺寸等。

4）能在装配模型中合理切出型腔切口，并在相应部分打出模仁安装避开孔。

5）能在推板和动模座板之间合理加入限位钉。

6）能在模架的装配调整过程中考虑模仁的结构形式、模架零件的强度和刚度及模架成本等因素。

注：设计结果放在文件夹中，文件夹的命名遵从如下规则：考生准考证号码 \ 子文件夹，子文件夹的名称与试题代码相同。

模具设计师（注塑模）（三级）操作技能鉴定

答 题 卷

考生姓名：　　　　　　　　　准考证号：

试题代码：3.1.1。

试题名称：标准模架选用与装配。

考核时间：120 min。

1. 根据文件夹“3.1.1 _ 1”给定的模仁三维模型选择合适的标准模架。

（1）模架型号为：

（2）请选择最为合适的模架系列：（　　）。

A. 1515　　　　B. 1820　　　　C. 5060

（3）请选择最为合适的 A，B 和 C 板的高度：（　　）。

A. 60-60-60　　　　B. 30-50-70　　　　C. 60-60-30

模具设计师（注塑模）（三级）操作技能鉴定

试题评分表及答案

考生姓名： 准考证号：

试题代码及名称		3.1.1 标准模架选用与装配		考核时间				60 min	
评价要素		配分	等级	评分细则	评定等级				得分
					A	B	C	D	E	
1	模架系列的确定	10	A	模架结构形式及尺寸系列的选择完全合理						
			B	模架结构形式及尺寸系列的选择有 1 处不合理						
			C	—						
			D	模架结构形式及尺寸系列的选择有 2 处不合理						
			E	差或未答题						
2	模架的装配与调整	20	A	模架与模仁的装配关系、模架各零件的位置尺寸等完全合理						
			B	模架与模仁的装配关系、模架各零件的位置尺寸等有 1 处不合理						
			C	模架与模仁的装配关系、模架各零件的位置尺寸等有 2 处不合理						
			D	模架与模仁的装配关系、模架各零件的位置尺寸等有 3 处不合理						
			E	差或未答题						
合计配分		30	合计得分							

考评员（签名）：

等级	A（优）	B（良）	C（尚可）	D（较差）	E（差或未答题）
比值	1.0	0.8	0.6	0.2	0

“评价要素”得分＝配分×等级比值。

参考答案

1. 根据文件夹“3.1.1_1”给定的模仁三维模型选择合适的标准模架。

（1）模架型号为 FUTABA 公司的 futaba _ s（SC-Type）型。

（2）答案：B。

（3）答案：A。

2. 标准模架与模仁的装配

在装配过程中应注意模架和模仁的位置关系、模架各零件的位置尺寸等。

3. 三维装配模型的校核与调整

（1）型腔切口的尺寸应与模仁的外形尺寸相匹配，型腔切口与模仁之间不应发生干涉或留有间隙。

（2）应在模框的型腔切口相应部分打出大小为 ϕ12 mm 的模仁安装避开孔，使之不与模仁发生干涉。

（3）推板和动模座板之间应加入四个限位钉（垃圾钉），位置应合理且不发生干涉。

注：设计结果请参考文件夹“3 _ 1 _ 1”中的内容。

模具设计师（注塑模）（三级）操作技能鉴定

试　题　单

试题代码：4.1.1。

试题名称：简单注塑模具调试。

考核时间：60 min。

1. 背景资料

（1）试模给定的成型原材料为PA66。

（2）图4.1.1_1为含有气泡缺陷的塑件。

图4.1.1_1　含有气泡缺陷的塑件

（3）试题单图纸。

2. 试题要求

（1）根据试模给定成型原材料PA66，勾选出PA66所需检查项目的特性。

（2）根据图4.1.1_1，判断出产生气泡缺陷的原因。

（3）根据试题单图纸所标记出的［A］，［B］，［C］和［D］尺寸，选出适合测量各个尺寸的量具。

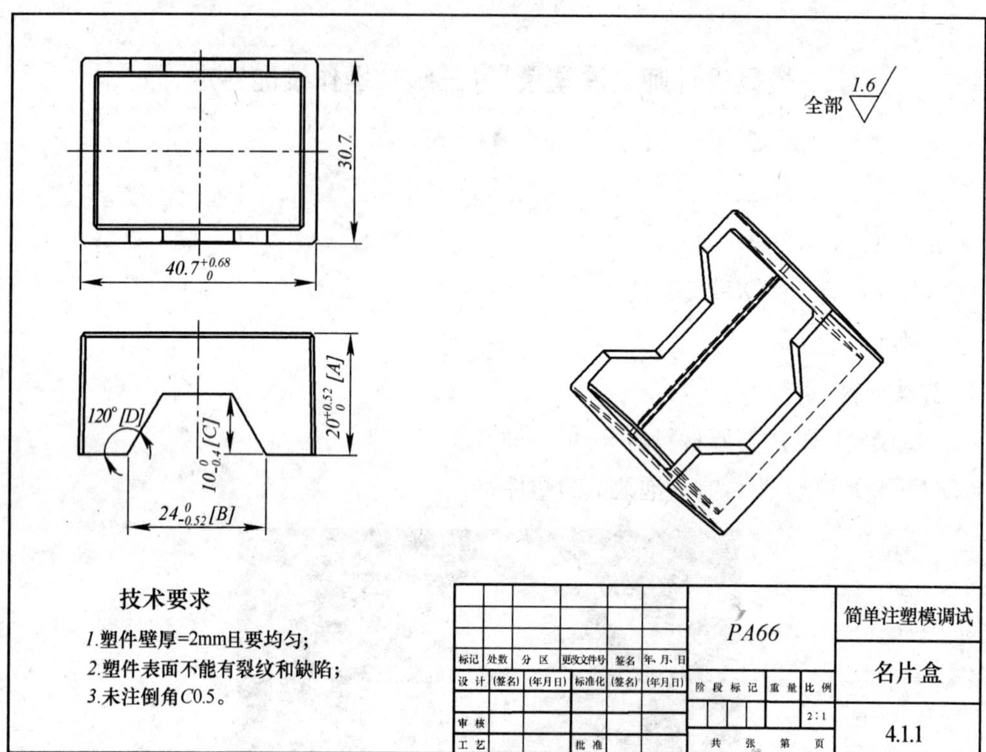

全部 1.6
30.7
40.7 +0.68 0
120° [D]
10 0 -0.4 [C]
20 +0.52 0 [A]
24 0 -0.52 [B]
技术要求
1.塑件壁厚=2mm且要均匀；
2.塑件表面不能有裂纹和缺陷；
3.未注倒角C0.5。
标记 处数 分区 更改文件号 签名 年、月、日
设计 (签名) (年月日) 标准化 (签名) (年月日)
审核
工艺 批准
PA66
阶段标记 重量 比例
2:1
共 张 第 页
简单注塑模调试
名片盒
4.1.1

模具设计师（注塑模）（三级）操作技能鉴定

答　题　卷

考生姓名：　　　　　　　　准考证号：

试题代码：4.1.1。

试题名称：简单注塑模具调试。

考核时间：60 min。

1. 原料PA66特性检查（请对相应特性进行勾选“√”）。

序号	项目	特性	
1	吸水率	较大（　）	较小（　）
2	结晶度	高（　）	低（　）
3	机械强度	高（　）	低（　）
4	表面硬度	大（　）	小（　）
5	热变形温度	高（　）	低（　）
6	尺寸稳定性	好（　）	差（　）

2. 在下表中，判断图4.1.1_1中塑件产生缺陷的原因（对“√”，错“×”）。

序号	产生原因	判断
1	塑料潮湿，含水分	
2	料粒太细，不均匀	
3	浇口、流道太小	
4	注射压力过小	
5	射胶时间太长	
6	模温过高	
7	注射速度过高	

3. 根据试题单图纸标记出的尺寸，选择正确的测量量具。

（1）测量［A］尺寸应选用（　　）。

A. 测量精度为 0.1 mm 的游标卡尺
B. 测量精度为 0.05 mm 的游标卡尺
C. 测量精度为 0.02 mm 游标卡尺
D. 测量精度为 0.02 mm 的游标深度尺

（2）测量［B］尺寸应选用（　　）。

A. 测量精度为 0.1 mm 的游标卡尺
B. 测量精度为 0.05 mm 的游标卡尺
C. 测量精度为 0.02 mm 的游标卡尺
D. 测量精度为 0.02 mm 的游标深度尺

（3）测量［C］尺寸应选用（　　）。

A. 测量精度为 0.1 mm 的游标卡尺
B. 测量精度为 0.05 mm 的游标卡尺
C. 测量精度为 0.02 mm 的游标卡尺
D. 测量精度为 0.02 mm 的游标深度尺

（4）测量［D］尺寸应选用（　　）。

A. 游标深度尺
B. 游标高度尺
C. 游标卡尺
D. 游标万能角度尺

模具设计师（注塑模）（三级）操作技能鉴定

试题评分表及答案

考生姓名：　　　　　　　　准考证号：

试题代码：4.1.1。

试题名称：简单注塑模具调试。

考核时间：60 min。

评价要素	配分	得分
1	4	
2	4	
3	2	
合计	10	

考评员（签名）：

参考答案：

1. 原料 PA66 特性检查（请对相应特性进行勾选“√”）。（4 分）

序号	项目	特性	
1	吸水率	较大（√）	较小（　）
2	结晶度	高（√）	低（　）
3	机械强度	高（√）	低（　）
4	表面硬度	大（√）	小（　）
5	热变形温度	高（　）	低（√）
6	尺寸稳定性	好（　）	差（√）

评分依据：答对四个及以上，给 4 分；答对三个，给 3 分；答对两个，给 2 分；答对一个或不答，给 0 分。

2. 在下表中，判断图 4.1.1 _ 1 中塑件产生缺陷的原因（对“√”，错“×”）。（4 分）

序号	产生原因	判断
1	塑料潮湿，含水分	√
2	料粒太细，不均匀	√
3	浇口、流道太小	√
4	注射压力过小	√
5	射胶时间太长	×
6	模温过高	×
7	注射速度过高	×

评分依据：判断结果对的有四个及以上，给 4 分；判断结果对的有三个，给 3 分；判断结果对的有两个，给 2 分；判断结果对的有一个或不答，给 0 分。

3. 根据试题单图纸标记出的尺寸，选择正确的测量量具。（2 分）

（1）A；（2）A；（3）B；（4）D。

评分依据：选择结果对的有三个及以上，给 2 分；选择结果对的有两个，给 1 分；选择结果对的有一个或不答，给 0 分。

中国劳动社会保障出版社

隆重推出“1+X职业技能鉴定考核指导手册”

序号	书　名	序号	书　名
1	保育员（四级）	32	美容师（四级）
2	保育员（五级）	33	美容师（五级）
3	叉车司机（四级）	34	秘书（四级）
4	叉车司机（五级）	35	秘书（五级）
5	车工（四级）	36	模具设计师（冷冲模）（三级）
6	车工（五级）	37	模具设计师（注塑模）（三级）
7	电切削工（四级）	38	母婴护理（专项能力）
8	电切削工（五级）	39	汽车驾驶员（三级）
9	调酒师（五级）	40	汽车维修工（三级）
10	工具钳工（冷冲模）（三级）	41	汽车维修工（四级）
11	工具钳工（冷冲模）（四级）	42	汽车维修工（五级）
12	工具钳工（注塑模）（三级）	43	钳工（四级）
13	工具钳工（注塑模）（四级）	44	钳工（五级）
14	呼叫服务员（四级）	45	软件测试人员（.NET）（三级）
15	呼叫服务员（五级）	46	软件测试人员（.NET）（四级）
16	花卉园艺工（五级）	47	软件测试人员（Java）（三级）
17	会务接待服务员（四级）	48	软件测试人员（Java）（四级）
18	会务接待服务员（五级）	49	摄影师（四级）
19	会展策划师（四级）	50	摄影师（五级）
20	计算机安装调试维修员（四级）	51	室内装饰设计员（四级）
21	计算机安装调试维修员（五级）	52	室内装饰设计员（五级）
22	计算机程序程序设计员（.NET）（三级）	53	数据库管理人员（Oracle）（三级）
23	计算机程序程序设计员（.NET）（四级）	54	数据库管理人员（Oracle）（四级）
24	计算机程序程序设计员（Java）（三级）	55	数据库管理人员（SQL Server）（三级）
25	计算机程序程序设计员（Java）（四级）	56	数据库管理人员（SQL Server）（四级）
26	技师公共模块	57	数控车工（三级）
27	加工中心操作工（三级）	58	数控车工（四级）
28	加工中心操作工（四级）	59	数控铣工（三级）
29	建（构）筑物消防员（五级）	60	数控铣工（四级）
30	建筑物清洁保养工（五级）	61	数码影像技术人员（四级）
31	美发师（五级）	62	水电工（五级）

续表

序号	书　名	序号	书　名
63	天车工（四级）	94	花艺环境设计师（四级）
64	天车工（五级）	95	化工生产运行员（四级）
65	网页设计制作员（三级）	96	化工生产运行员（五级）
66	网页设计制作员（四级）	97	化妆师（四级）
67	维修电工（三级）	98	化妆师（五级）
68	维修电工（四级）	99	计算机网络技术员（三级）
69	维修电工（五级）	100	计算机网络技术员（四级）
70	无线电装接工（五级）	101	家政服务员（四级）
71	眼镜验光员（四级）	102	家政服务员（五级）
72	眼镜验光员（五级）	103	绿化工（初级）
73	医药商品购销员（四级）	104	绿化工（中级）
74	医药商品购销员（五级）	105	汽车配件销售员（五级）
75	育婴师（四级）	106	商品营业员（超级市场类）（五级）
76	育婴师（五级）	107	室内装饰装修质量检验员（三级）
77	珠宝首饰营业员（五级）	108	室内装饰装修质量检验员（四级）
78	保健按摩师（四级）	109	停车场管理员（四级）
79	保健按摩师（五级）	110	停车场管理员（五级）
80	仓库保管工（初级）	111	网络编辑员（三级）
81	仓库保管工（中级）	112	网络编辑员（四级）
82	插花员（四级）	113	维修电工（初级）
83	插花员（五级）	114	维修电工（中级）
84	电子商务员（初级）	115	西式面点师（四级）
85	电子商务员（中级）	116	西式面点师（五级）
86	废水处理工（四级）	117	养老护理员（四级）
87	废水处理工（五级）	118	养老护理员（五级）
88	服装设计定制工（四级）	119	中式面点师（四级）
89	服装设计定制工（五级）	120	中式面点师（五级）
90	广告设计师（四级）	121	中式烹调师（三级）
91	护林工（初级）	122	中式烹调师（四级）
92	护林工（中级）	123	中式烹调师（五级）
93	花艺环境设计师（三级）		